지극히
주관적인
여행
1박 2일 주말 여행
완전정복

지극히 주관적인 여행

© 이상헌 2014

초판 1쇄 발행 2014년 4월 30일
초판 4쇄 발행 2015년 8월 14일

지은이 이상헌

펴낸이, 편집인 윤동희

편집 김민채 계선이 박성경
디자인 제너럴그래픽스 정승현
종이 표지-아르떼 울트라화이트 210g
　　　 띠지-아트지 150g
　　　 면지-매직칼라 노른자색 120g
　　　 내지-모조지 백색 100g
마케팅 방미연 최향모 김은지 유재경
홍보 김희숙 김상만 한수진 이천희
제작 강신은 김동욱 임현식
제작처 영신사

펴낸곳 (주)북노마드
출판등록 2011년 12월 28일 제406-2011-000152호

주소 413-120 경기도 파주시 회동길 216
문의 031-955-1935(마케팅) 031-955-2675(편집)
　　　 031-955-8855(팩스)
전자우편 booknomadbooks@gmail.com
페이스북 /booknomad
트위터 @booknomadbooks
인스타그램 @booknomadbooks
홈페이지 www.booknomad.co.kr

ISBN 978-89-97835-53-9 13980

북노마드

이상헌 지음

북노마드

지극히 주관적인 여행
인트로

모든 여행은 '지극히' 주관적입니다. 손끝 발끝에 닿는 하나, 혀끝에 닿는 하나…… 우리가 여행에서 지각하는 모든 것들은 온전히 자신만의 것이며, 사람들은 같은 시공간을 여행하면서도 저마다 다른 감각을 기억하게 됩니다. 그러니 여행이란 사실 누가 '언제 어디에' 있느냐보다 '누가' 언제 어디에 있느냐가 중요한 셈입니다. 여행의 맛과 풍경, 느낌을 남기는 건 우리들 저마다의 몫입니다.

그래서 『지극히 주관적인 여행』은 여행의 방법적인 문제를 대신 책임지고자 했습니다. 여행을 시작하는 첫 단계, 즉 언제 어디로 가서 무엇을 할 것인지의 1차적 고민을 대신 해드리려 합니다. 『지극히 주관적인 여행』은 혼자만의 감상이나 느낌보다는 구체적인 경로와 세밀한 여행 일정과 내용, 실질적인 여행 경비에 대한 정보를 제공할 것입니다. 이는 여행의 방법적인 문제에 대한 고민을 해결함으로써, 여러분께 보다 여행의 감상에 충실하고 본질적인 것들에 가까워질 수 있는 기회를 제공하기 위함입니다.

물론 자신이 알고 있던 상식과 정보에 맞춰, 그저 발길 닿는 대로 다니는 여행을 좋아하는 분들도 있을 것입니다. 하지만 『지극히 주관적인 여행』은 이렇게 제안해보는 것입니다. 여행을 통해 어떤 체험을 할 것인지 좀더 구체적인 계획을 세우는 것이 필요하며, 그 체험을 온전히 느낄 수 있게끔 여행 지점을 고려한 철저한 일정 계획표를 만들어야 한다는 것을 말이죠. 바쁜 일상 속에서 어렵게 시간을 마련해 떠난 여행을, 사랑하는 사람들과 소중하게 보내기 위해서는 생각보다 많은 준비가 필요하다고 말입니다.

그러니 여러분들은 『지극히 주관적인 여행』에서 계획해드린 길을 따라 움직이며, 보다 넓고 깊게 체험하고 제대로 느끼기만 하면 됩니다. 말했듯, 저희가 계획하고 제안해드린 모든 맛과 풍경, 느낌을 재구성하고 기억하는 건 여러분의 몫이기 때문입니다.

이제 대한민국 1박 2일, 지극히 주관적인 여행을 시작해볼까 합니다. 여러분께서는 이 책을 따라 걸으며, '지극히' 주관적으로 보고 듣고 맛보고 맡으며 느끼기만 하면 됩니다.

지극히 주관적인 여행
사용법

지극히 주관적인 여행은 대한민국을 1박 2일로 여행하기에 최적화되어 있습니다. 서울 경기, 강원도, 충청도, 경상도, 전라도 5개의 권역을 나누었으며, 권역별로 도시를 나누어 소개했습니다. 말하자면 하나의 도시를 1박 2일 동안 완전하게 즐기는 것입니다.

Journey Map에는 여러분이 이동하게 될 경로와 지점을 표시해두었습니다. 혼자서 여행을 준비하다보면 어디에 들를지 장소만 정해두고 떠나는 것이 대부분이기 때문에, 이쪽에서 저쪽으로 이동하며 생각지도 못한 시간을 소비하고 여행을 흐지부지 마치는 경우도 있습니다. 하지만 지극히 주관적인 여행은 지점들끼리의 이동이 유기적으로 연결되게끔 지점과 숙소의 위치까지 고려해 일정을 잡았습니다.

Journey Map sample

A 일정 전체 경로가 한눈에 보임

B 반복된 동선 최소화, 최적의 이동시간

C 맛집과 숙박지는 추천1만 표시
   추천1과 추천2는 5~10분 이내로 한정

Cost&Distance에는 1박 2일간의 전반적인 이동 경로와 거리, 각 지점을 방문하며 소요되는 비용을 표시했습니다. 여행 전 미리 확인하고 예산을 잡으면 좋습니다.

Cost&Distance sample

A

총거리	164.7km
총비용	200,000원

1일	거리(km)	산정 기준		비용(원, 2인 기준)
출발 ➡ 1	58.2			
1	0.6	입장료	성공회강화성당+용흥궁+고려궁지	1,800
1 ➡ 2	2.0	참게장정식	국화호수	40,000
2 ➡ 3	10.6	입장료	옥토끼우주센터	26,000
3 ➡ 4	5.2	입장료	광성보	2,200
4 ➡ 5	5.0	순두부백반	퓨전궁중두부	14,000
5 ➡ 6	8.2	비수기 주중	어썸플레이스	90,000
지점 합계	31.6			
합계	89.8			174,000

2일	거리(km)	산정 기준		비용(원, 2인 기준)
6 ➡ 7	8.6		동막해변	
7 ➡ 8	3.0	산채비빔밥	마니산산채	20,000
8 ➡ 9	5.3	입장료	전등사	6,000
지점 합계	16.9			
9 ➡ 도착	58.0			
합계	74.9			26,000

A 유류비&항공권 가격 미포함
이동 거리 감안 여행지별 산정

B 정량적 산정 가능한 비용 표기

C 추천1을 기준으로
2인 기준 식대, 숙박비 산정

지극히 주관적인 여행
사용법

Schedule에는 앞서 보여드렸던 경로와 일정을 세분화하여 제공합니다. 특히 각 지점에서의 소요시간과 지점 사이의 이동 시간을 저희가 직접 여행하고 체험해보며 계산했기 때문에 믿고 따르셔도 좋습니다. 지점들 사이의 이동 시간은 차량 이동을 기준으로 하였고, 도보를 이용하는 경우 (도보)로 표시해두었습니다.

Schedule sample

서울	서울-동해고속도로 옥계IC	AM 09:00
	180분	
		PM 12:00
①	심곡쉼터	80분
		PM 01:20
	10분	
		PM 1:30
②	모래시계공원+정동진박물관	120분
		PM 03:30
	10분	
		PM 03:40
③	정동진역	50분
		PM 04:30
	10분	
		PM 04:40
④	등명낙가사	60분
		PM 05:40
	20분	
		PM 06:00
⑤	정감이마을능이박숙 / 염전횟집	80분
		PM 07:20
	10분	
		PM 07:30
⑥	메이플비치리조트 / 썬크루즈호텔	

A 경유 지점의 컨셉 구분

체험　답사　경관　휴식　식사　숙박

B 경유 지점의 대표이미지

C 선택지 중 추천1에 추천 마크 표기

추천

D 경유 시간은 도보 이동 거리, 규모, 볼거리의 가치를 감안하여 설정

E 이동 시간은 교통, 도로 상황을 참고해 유동적 산정

- 5km 이내 - 약 10분
- 5~10km - 약 20분
- 10~15km - 약 30분
- 15km - 약 30분 이상

이후에는 각 여행지들에 대한 세부적인 정보가 나옵니다. 주소와 연락처, 요금과 시간, 실제 여행에서 참고해야 할 것들 등 구체적인 정보를 함께 실었으니 참고하면 좋습니다.

더불어 이 책에 등장하는 모든 장소들은 저희가 직접 대한민국을 여행하며 겪어본 것들만 엄선하여 담은 것입니다. 여행을 떠나고자 하는 여러분들에게 가장 좋은 것들만 보여드리고, 맛보여드리고자 노력했습니다. 하지만 이 또한 여행을 떠났던 저희들의 지극히 주관적인 여행일지도 모릅니다. 그러니 강조하건대 여러분께서는 이 여행법의 방법들을 하나씩 따라가시되, 최대한 마음을 열고 많은 것을 느끼고 여러분의 마음에 여러분들만의 기억들을 담아오기를 바라는 바입니다. 지극히 주관적인 여러분의 방식으로 말입니다.

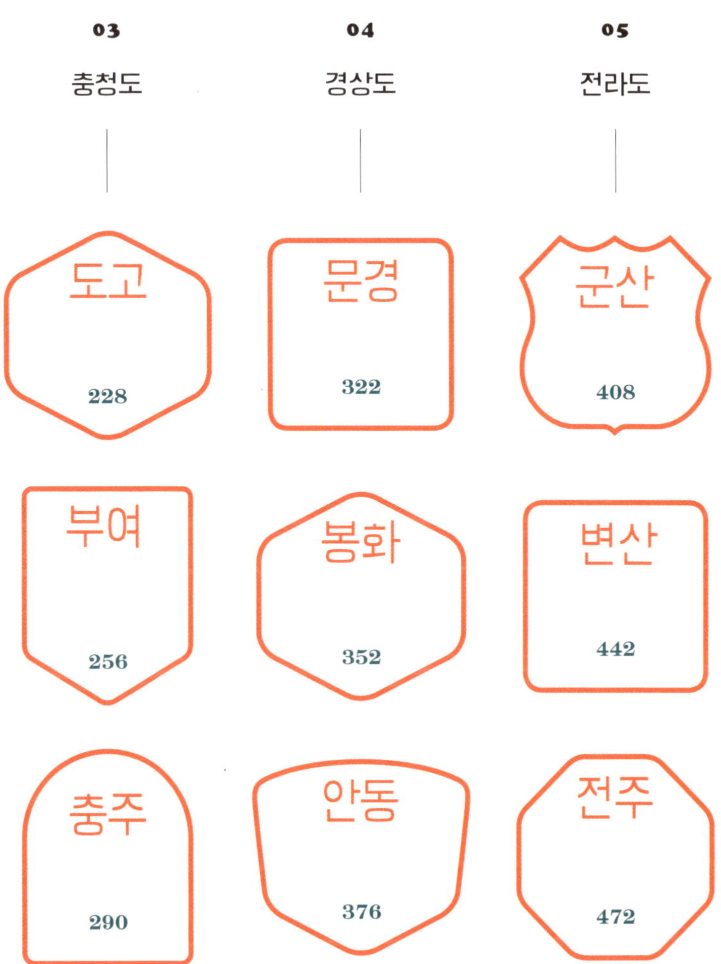
03
충청도
04
경상도
05
전라도
도고
228
문경
322
군산
408
부여
256
봉화
352
변산
442
충주
290
안동
376
전주
472

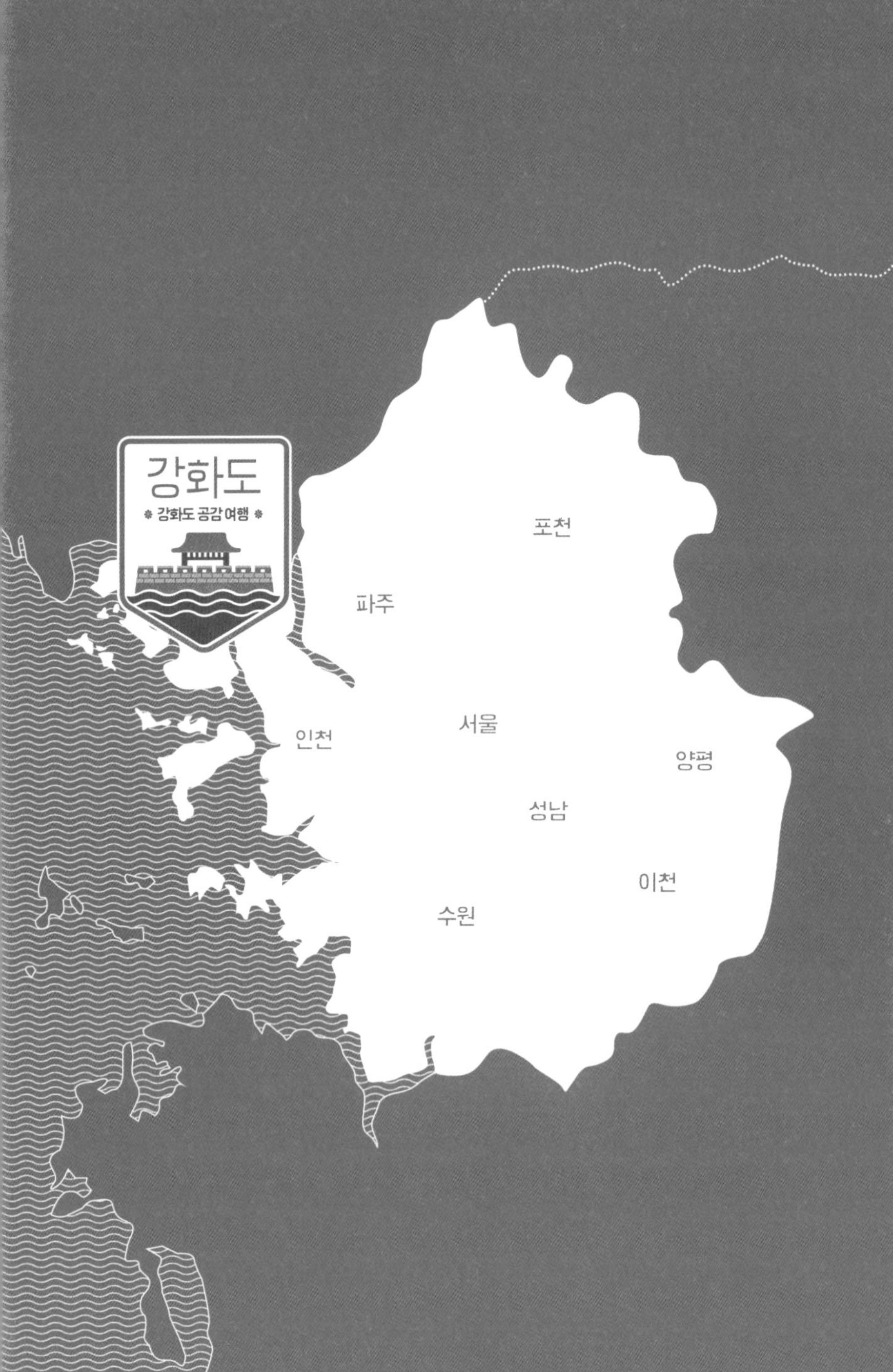

강화도
강화도 공감 여행
포천
파주
인천
서울
양평
성남
이천
수원

01

서울
경기

강화도 공감 여행

강화도는 볼거리 먹거리 즐길거리가 참 많은 곳입니다. 때문에 무턱대고 떠나기보다는 짜임새 있게 여행 계획을 세워서 둘러보는 것이 좋습니다. 특히나 강화도에는 국내에서도 내로라하는 유명 펜션들이 많기 때문에 어떤 콘셉트의 숙소에서 지낼 것인지부터 정하면 좋습니다. 친구와 연인, 가족…… 함께 여행을 떠나는 사람이 누구냐에 따라 다양한 펜션을 경험할 수 있습니다.

강화도의 유명 펜션들은 저마다 특징이 다르지만, 이번 여행의 숙소로는 조용하게 나만의 시간을 보낼 수 있는 펜션을 추천했습니다. 그곳으로 가는 과정에강화도만의 독특한 색을 가진 장소들도 만나볼 수 있게 했습니다. 강화도에서의 여정은 나만의 시간을 보낼 수 있지만 지루하지 않은, 동시에 복잡하지도 않은 여행이 될 것입니다.

강화도로 진입할 수 있는 방법은 북부의 강화대교 혹은 남부의 초지대교를 이용하는 두 가지 방법이 있습니다. 이번 여정은 강화대교로 진입하여 북부에서 오전시간을 보낸 후 남부로 이동하면서 체험지와 답사지를 거치는 효율적인 일정이 되도록 했습니다.

강화도   강화도 공감 여행

1일 ① ➡ ⑥ 북부권+남부권
2일 ⑦ ➡ ⑨ 남부권

총거리 164.7km
총비용 200,000원

1일	거리(km)	산정 기준		비용(원, 2인 기준)
출발 ▶ 1	58.2			
1	0.6	입장료	대한성공회강화성당+용흥궁+고려궁지	1,800
1 ▶ 2	2.0	참게장정식	국화호수	40,000
2 ▶ 3	10.6	입장료	옥토끼우주센터	26,000
3 ▶ 4	5.2	입장료	강화 광성보	2,200
4 ▶ 5	5.0	순두부백반	퓨전궁중두부	14,000
5 ▶ 6	8.2	비수기 주중	어썸플레이스	90,000
지점 합계	31.6			
합계	89.8			174,000
2일	거리(km)	산정 기준		비용(원, 2인 기준)
6 ▶ 7	8.6		동막해변	
7 ▶ 8	3.0	산채비빔밥	마니산산채	20,000
8 ▶ 9	5.3	입장료	전등사	6,000
지점 합계	16.9			
9 ▶ 도착	58.0			
합계	74.9			26,000

★ 숙박은 시즌에 따라 가격 변동, 유류비 미포함

북부권+남부권

거리	서울 – 강화	58.2km
	경유 지점	31.6km
비용	통행+식대+관람+숙박	174,000원

강화대교를 이용하여 북부로 진입 후 남부에서 숙박을 하는 일정입니다. 강화의 역사가 살아 숨쉬는 북부 지역에서 시작하여 뜻밖의 체험과 아름다운 경관이 있는 남부 지역을 거치도록 일정을 짰습니다. 강화도의 장점을 극대화할 수 있도록 한 점이 첫째 날 일정의 포인트입니다. 숙박을 하는 펜션에서 시간을 좀더 보내고자 하는 분들은 중간 지점에서 머무는 시간을 조금 줄이고 숙소로 일찍 향해도 좋을 듯합니다.

북부권
남부권
서울
서울-한남IC-강화대교
AM 08:30
90분
AM 10:00
1
대한성공회강화성당
+용흥궁
+고려궁지
120분
PM 12:00
10분
PM 12:10
2
국화호수
왕자정묵밥
80분
PM 01:30
20분
PM 01:50
3
옥토끼우주센터
120분
PM 03:50
10분
PM 04:00
4
강화 광성보
60분
PM 05:00
10분
PM 05:10
5
퓨전궁중두부
80분
PM 06:30
30분
PM 07:00
6
어썸플레이스
메종드라메르

남부권

거리	경유 지점	16.9km
	강화-서울	58.0km
비용	통행+식대+관람	26,000원

해변이 보이는 아름다운 펜션에서 하루를 보냈으니 돌아가기 아쉬운 마음이 커졌을 것입니다. 오전에는 갯벌로 유명한 동막해변에서 그 여운을 달래도록 하겠습니다. 점심식사를 한 후 오후에는 전등사에서 산책하고 명상할 수 있는 시간을 갖도록 했으니 마지막까지 알찬 여행이 되기를 바랍니다.

 강화도   강화도 공감 여행

숙소 or 주변 조식   AM 10:00

20분

AM 10:20

7 동막해변   90분

AM 11:50

10분

PM 12:00

8 마니산산채   80분

동문식당   PM 01:20

10분

PM 01:30

9 전등사   120분

PM 03:30

90분

서울   초지대교-한남IC-서울

PM 05:00

대한성공회 강화성당

주소 & 연락처
인천광역시 강화군 강화읍
관청길 27번길 10
032-934-6171

요금 & 시간
입장료 무료
운영 시간 10:00~18:00
휴관일 연중무휴

문화재 정보
사적 제424호
수량/면적 216.9㎡
지정일 2001년 01월 04일
시대 대한제국

대한성공회강화성당은 우리나라 교회 건축의 원형을 볼 수 있는 아주 중요한 문화재입니다. 우리나라에 들어온 초기 교회의 건축 양식은 한옥의 형태를 그대로 유지하면서도 바실리카식 교회 건축을 잘 접목시켜 우리나라만의 독특한 건축 양식으로 발전했습니다. 우리나라 중층 건물에서 종종 쓰이는 통칸형으로, 외부에서 보면 2층 구조로 되어 있지만 실내에서 보면 층이 구분되지 않고 내부 기둥이 2층까지 올라가 있는 구조입니다. 우리나라 고유의 목조 형식에 약간의 구조 변형만 주었을 뿐인데 집회가 가능한 교회 건축과 기가 막히게 잘 맞아떨어졌다는 점이 재미있습니다. 초기 교회의 모습을 그대로 간직하고 있는 대한성공회강화성당에서 색다른 우리 고건축의 세계를 만나보기 바랍니다.

가치 ★★★
입지 ★★★

용흥궁

주소 & 연락처
인천광역시 강화군 관청리
440외2
032-933-3627

요금 & 시간
입장료 무료
운영 시간 09:00~18:00

문화재 정보
인천광역시 유형문화재 제20호
수량/면적 4동 / 2,497㎡
지정일 1995년 03월 01일
시대 조선시대

용흥궁은 혼돈의 시기였던 조선시대 말, 안동김씨 세력에 의해 왕위에 오른 철종이 유년 시절을 보냈던 곳입니다. 철종은 사건, 사고에 개입되어 강화도로 유배 온 사도세자의 이복형제인 은언군의 손자입니다. 철종은 왕족이었음에도 불구하고 학문도 제대로 익히지 못하고 끼니 걱정을 해야 하는 불운한 어린 시절을 보내야 했습니다. 그렇게 강화에서 힘겹게 자라온 철종에게 어느 날 갑자기 왕의 자리가 주어졌던 것입니다.

그때 그에게 왕이 되는 일은 행운이 아니라 불운에 가까웠을 것입니다. 실제로 철종은 강화도에 두고 온 사랑하는 여인 양순이를 그리워하며 이곳 용흥궁을 매일같이 생각했다고 합니다. 조선왕조 비운의 왕인 철종이 사랑하는 연인과 뛰어놀았다는 용흥궁. 이곳에서의 여정이 철종을 조금이나마 알고 이해할 수 있는 시간이 되기를 바랍니다.

고려궁지

주소 & 연락처
인천광역시 강화군 강화읍
북문길 42
032-930-7078

요금 & 시간
입장료 어른 900원
　　　　청소년, 군인 600원
개방 시간 09:00~18:00
휴관일 연중무휴

문화재 정보
사적 제133호
수량/면적 7,534㎡
지정일 1964년 06월 10일
시대 고려시대

고려궁지는 우리 역사를 관통하는 장소라고 할 수 있습니다. 고려시대부터 조선시대 말까지의 역사가 고스란히 담겨 있기 때문입니다. 몽고 침략기 강화궁궐의 유적과 조선시대 강화유수부가 고려궁지에 있습니다. 병인양요 때 프랑스군이 강화도를 습격하여 약탈했던 의궤와 수많은 국보급 문화재가 보관되는 공간이었던 도서관인 외규장각(外奎章閣) 또한 이곳 고려궁지에서 만나볼 수 있습니다.

　　고려궁지 유적지에 올라보면 고려에서부터 근대까지 강화의 핵심시설들이 왜 이곳에 위치했었는지 금방 알 수 있습니다. 뒤로는 산이 고려궁지를 에워싸고 있고, 앞으로는 강화 전체를 한눈에 바라볼 수 있습니다. 한마디로 강화 최고의 요지였던 것입니다. 고려궁지 유적지를 돌아보며 강화 시내 전망도 함께 감상하길 바랍니다.

음식 맛	★★★★☆
음식 양	★★★
입지	★★★★
시설	★★★★☆
청결	★★★★☆
친절	★★★★

국화호수

주소 & 연락처

인천광역시 강화군 강화읍
고비고개로 94
032-933-8264
국화호수.com

메뉴 & 시간

호수정식(참게찜+게장+탕+돌솥밥) 30,000원,
참게장정식(참게장+탕+돌솥밥) 20,000원,
참게찜(중) 40,000원, 참게탕(중) 45,000원
예산 2인 기준 40,000~60,000원
영업 시간 11:00~23:00

국화호수에 오면 아름다운 고려산을 눈앞에 두고 식사할 수 있습니다. 사실 국화호수가 유명한 이유는 특별한 메뉴가 있는 강화도 최강 맛집이기 때문입니다. 강화도에는 게장정식을 하는 식당이 여러 군데 있습니다. 왕들이 드셨다는 참게장정식을 제대로 맛볼 수 있는 유일한 곳입니다.

국화호수에서만 맛볼 수 있다는 참게장정식을 주문했습니다. 한 상 가득 푸짐하게 차려진 음식에 먼저 놀라고, 참게장에 밥을 비벼먹으며 그 맛에 감탄했습니다. 이곳 국화호수를 강화 최고의 맛집으로 만든 비결은 참게장정식의 특별함 때문입니다. 참게의 깊은 향이 입안에서 오래도록 머뭅니다. 이렇게 맛좋은 게장을 다시 먹고 싶어지면 강화도까지 와야 한다는 것이 너무나 아쉬울 따름입니다.

왕자정묵밥

주소 & 연락처

인천광역시 강화군 강화읍
북문길 55
032-933-7807

메뉴 & 시간

묵밥 7,000원, 콩비지 7,000원, 묵전 7,000원, 젓국갈비 23,000원
예산 2인 기준 12,000~20,000원
영업 시간 10:00~22:00

대한민국을 여행하다보면 꼭 한 번쯤 생각나는 음식, 대한민국의 구수하고 담백한 맛을 잘 보여주는 음식이 있습니다. 바로 묵밥입니다. 푸짐하고 부담스러운 음식보다는 소화가 잘 되는 자연식이 여행의 점심식사로 제격일 테니까요. 강화도에도 묵밥으로 유명한 집이 있다고 해서 찾아갔습니다. 직접 겪어본 왕자정묵밥의 명성은 과연 허명이 아니었습니다.

묵밥의 맛은 묵과 물 그리고 여러 양념들이 얼마나 잘 어우러지느냐에 달려 있습니다. 왕자정묵밥은 묵과 물, 양념의 삼박자가 딱 맞습니다. 입안에서 살살 녹는 묵, 적절한 양의 물, 입맛을 살려내는 새콤달콤한 양념. 지금까지 먹어본 묵밥 중에 가장 맛 좋은 묵밥이었습니다. 고려궁지 바로 앞에 위치하고 있으니 첫번째 일정을 마친 후에 이곳에서 식사를 하고 가면 좋을 것입니다.

옥토끼
우주센터

주소 & 연락처
인천광역시 강화군 불은면
강화동로 403
032-937-6917~9
www.oktokki.com

요금 & 시간
입장료 어른, 유아 13,000원, 정소년 15,000원,
경로, 국가유공자 11,000원(성수기 1,000원 추가)
운영 시간 평일 09:30~18:00(입장 마감 17시)
토요일, 일요일, 공휴일 09:30~19:00(입장 마감 18시)
여름 야간개장 09:30~22:00(입장 마감 20시)

우리 역사의 큰일들을 겪어 보냈던 땅 강화. 역사의 현장 그리고 아름다운 땅을 탐방하기 위해 강화를 찾는 이들이 많지만, 가끔 강화에서의 독특한 경험을 원해 새로운 경험을 할 만한 곳이 어디 없냐고 묻는 사람들도 꽤 많습니다. 그런 분들에게 이곳 옥토끼우주센터를 추천하곤 합니다. 강화도가 최근 다양한 체험을 할 수 있는 여행지로 각광받고 있는 이유 중 하나로 이 옥토끼우주센터가 꼽힙니다.

다른 관광지에 비해 조금 입장료가 비싸기 때문에 '너무 비싼 거 아닌가? 괜히 왔나?' 하는 생각할 수도 있습니다. 하지만 3D 상영관과 직접 체험 가능한 열차 등의 시설, 다양한 조형물들을 마주하면 그런 생각들이 말끔히 사라질 것입니다. 특히 아이들의 꿈을 키울 수 있는 볼거리들과 체험 공간이 가득하기 때문에 아이들과 함께 오셨던 분들은 즐거운 추억을 많이 만들 수 있을 것입니다. 아이와 부모 모두에게 강화에서 다시 찾고 싶은 곳 1순위로 옥토끼우주센터를 꼽게 될 것입니다.

KSLV-I
대한민국
나로

COSMOPE

바이킹
Viking
소저너
Sojourner

강화
광성보

주소 & 연락처 ⋯⋯⋯⋯⋯⋯
인천광역시 강화군 불은면
덕성리 833
032-930-7070

요금 & 시간 ⋯⋯⋯⋯⋯⋯
입장료 어른 1,100원
　　　　 청소년, 군인 700원
운영 시간 09:00~18:00
휴관일 연중무휴

문화재 정보 ⋯⋯⋯⋯⋯⋯
사적 제227호
수량/면적 6,102㎡
지정일 1971년 12월 28일
시대 조선시대

광성보는 신미양요 때 미국 군함과의 치열한 격전이 있었던 현장이지만, 지금의 광성보는 그러한 사실이 믿기지 않을 만큼 고즈넉한 분위기를 가진 곳입니다. 하지만 그 순간이 지나갔다고 해도 그때의 모든 것이 사라진 것은 아닙니다. 광성보 곳곳을 돌아보면 신미양요 당시의 포탄 자국을 심심치 않게 마주할 수 있습니다.

　　미국과 첫 대면을 했던 곳이자 근대사의 중요한 지점이었던 광성보. 슬픈 역사의 현장이지만, 광성보는 이곳을 찾는 분들에게 가슴 시원한 느낌을 선사해주는 곳이기도 합니다. 강화의 아름다운 해안을 즐길 수 있는 멋진 장소이기 때문입니다. 강화도에 위치한 여러 곳의 진지들 중에서 가장 아름다운 성곽과 주변 경관을 가진 곳으로 오랜 기억으로 남을 만한 장소입니다.

음식 맛	★★★★★
음식 양	★★★★★
입지	★★★★
시설	★★★★
청결	★★★★
친절	★★★★★

퓨전궁중두부

주소 & 연락처
인천광역시 강화군 길상면
해안동로 124
032-937-7921

메뉴 & 시간
두부버섯전골(소) 20,000원. 두부수라탕(소) 30,000원. 순두부백반 7,000원. 궁중해물떡볶이 20,000원. 쟁반막국수(소) 20,000원
예산 2인 기준 14,000~30,000원
영업 시간 10:00~21:00. 연중무휴

온 가족이 함께 떠난 여행이라면, 식구들의 다양한 입맛에 맞을 메뉴와 식당을 고르는 것이 쉽지 않습니다. 더군다나 저녁식사라면 맛있으면서도 푸짐한 식당에서 천천히 대화를 나누며 식사를 하는 것도 좋을 텐데 말입니다. 퓨전궁중두부는 이것저것 먹고 싶어하는 가족들의 성화를 한방에 만족시켜줄 수 있는 곳입니다. 어른들이 좋아하는 두부버섯전골부터 아이들이 좋아하는 궁중해물떡볶이까지. 다양한 연령대의 식구들이 많아 고민했던 가족들에게 강력 추천하는 강화도 맛집입니다.

이곳의 모든 식재료는 그날그날 준비한 것을 사용하기 때문에 최고의 신선도를 유지하고 있습니다. 그 양과 맛에 반해 정신없이 먹다보면 과식할 수도 있으니 유의하셔야 합니다. 넓은 주차장과 각별한 친절함까지 겸비한, 부족함을 찾기 어려운 식당이니 메뉴 고민 따윈 날려버리고 퓨전궁중두부에서의 저녁식사를 즐겨보기 바랍니다.

어썸플레이스

주소 & 연락처

인천광역시 강화군 길상면
해안남로 620번길 6
010-6355-8822
www.asomeplace.co.kr

요금 & 시간

A-1(스파, 2인+@) 비수기 150,000~220,000원, 성수기 230,000원
B-1(2인) 비수기 90,000~160,000원, 성수기 170,000원
C-1(4인+@) 비수기 220,000~310,000원, 성수기 320,000원
추가 인원 일반실 10,000원, 스파 20,000원
입실 시간 15:00 / **퇴실 시간** 12:00

피곤했던 하루 일정을 마무리할 때쯤이면 아늑하고 편안한 숙소를 간절히 바라게 됩니다. 이곳 강화도는 A급 이상의 펜션이 가득한 지역이라 하니 더 기쁜 소식입니다. 어떤 펜션을 추천해도 기본 이상이기 때문에 이번 여정에선 강화도의 A+급 펜션을 추천하겠습니다. 강화도엔 A+급 이상이라고 할 만한 펜션이 10여 곳 있는데, 그 중 하나가 어썸플레이스입니다.

일반적인 호텔보다 좋은 시설, 독특한 인테리어, 아늑하고 조용한 분위기. 어썸플레이스는 도심에서 지쳐버린 여러분의 몸과 마음을 1박 2일 동안 최대한 빠르게 회복시켜줄 것입니다. 창밖으로 아름다운 전경을 감상할 수 있고 건물 외부에는 바비큐용 건물이 따로 있습니다. 하지만 아무리 시설이 좋은 펜션이라도 사람들로 북적이는 곳이라면 제대로 쉬지 못할 것입니다. 어썸플레이스는 단 6개의 객실만 운영하고 있기 때문에 조용한 환경에서 제대로 휴식을 취할 수 있습니다. 예약은 필수입니다.

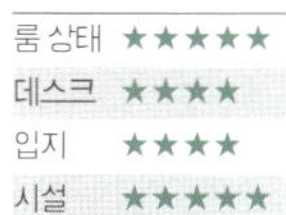

메종드라메르

주소 & 연락처

인천광역시 강화군 화도면
해안남로 1399
010-8995-9477
www.boonori.com

요금 & 시간

세즈(2인) 비수기 80,000~130,000원, 성수기 160,000원
메종(2인+@) 비수기 120,000~170,000원, 성수기 200,000원
포레(2인+@) 비수기 130,000~180,000원, 성수기 210,000원
입실 시간 15:00 / **퇴실 시간** 12:00

강화도로 주말 여행을 오는 분들에게 여러 가지 목적이 있겠지만, 그중에서도 깨끗한 자연을 벗삼아 편안한 시간을 보내려는 목적이 많은 것 같습니다. 그런 여행자들에게 강화도에서 가장 적합한 펜션은 바로 메종드라메르라고 여겨집니다. 도심에서는 가까이 두기 힘든 바다가 이 숙소의 배경이 되어 어우러져 있기 때문입니다.

메종드라메르는 강화도의 펜션 중에서도 바다를 가장 가까이에 두고 하룻밤을 보낼 수 있는 곳입니다. 물론 강화도에는 바닷가에 자리잡고 있는 다른 펜션이 많습니다. 하지만 이곳처럼 가까이에서 바다를 제대로 느낄 수 있는 곳은 거의 없습니다. 특히 펜션의 산책로를 따라 내려가면 바닷물에 발을 담글 수도 있습니다. 펜션 내에 위치한 카페에서 조용히 커피 한잔을 즐기는 것도 스트레스 해소에 도움이 될 것입니다.

동막해변

주소 & 연락처
인천광역시 강화군 화도면
동막리
032-937-3828

이용 안내
이용가능 시설 탈의장 2개소, 샤워장 2개소
수용 인원 100,000명
시설 이용 4륜 오토바이 대여 10,000원(15분)
이용 시기 여름철 자체 방범시간에 따라

동막해수욕장을 찾는 분들은 자연이 주는 두 가지 선물을 누릴 수 있습니다. 하나는 밀물에 해변을 거닐며 서해를 감상할 수 있다는 것이고, 다른 하나는 썰물에 갯벌 체험을 할 수 있다는 사실입니다. 또 평일에는 더욱 한적해지는 곳이기 때문에 나만의 시간을 가질 수 있다는 세번째 선물이 기다리고 있습니다. 특히 아침에 동막해수욕장을 걷는다면 상쾌한 바다 공기를 가슴속 가득 담을 수 있을 것입니다.

서울에서 가장 가까운 해수욕장이기 때문에 주말에는 이곳을 찾는 사람이 많습니다. 번잡함을 피하고자 하는 분들은 앞서 말했듯 평일 여행을 즐겨보는 것이 좋겠습니다. 아이들과 함께 동막해수욕장을 찾은 분들이라면, 세계 5대 갯벌 중 하나인 동막해변에서 조개를 잡으며 갯벌 체험의 시간을 만들어도 좋을 것입니다.

마니산산채

주소 & 연락처

인천광역시 강화군 해안남로 1182
032-937-4293

메뉴 & 시간

산채비빔밥(2인 이상) 20,000원, 감자전 10,000원,
묵무침 10,000원, 막걸리 4,000원
예산 2인 기준 20,000~30,000원
영업 시간 09:00~20:00 연중무휴

마니산산채는 최근 강화도에서 가장 '핫'한 곳입니다. 모든 음식에 화학조미료를 사용하지 않는 자연식으로, <먹거리 X파일>이라는 프로그램의 '착한 식당'으로도 소개된 바가 있습니다. 미디어의 소개를 받았기 때문인지 주말이면 이곳은 산채비빔밥을 먹기 위한 사람들로 주변까지 북적입니다.

'단순히 화학조미료를 사용하지 않았다고 유명해졌을까?'라는 생각은 실제 산채비빔밥의 맛을 보면 단숨에 사라지게 됩니다. 비빔밥의 재료가 정말 신선하고, 식재료의 구성이 참 조화롭게, 맛깔나게 구성되어 있어 먹는 내내 감탄했습니다. 된장찌개 또한 이곳에서 직접 담근 된장을 사용하여 다른 음식점에서는 느낄 수 없는 진한 향과 뒷맛을 느낄 수 있습니다. 그야말로 요리에 대한 자부심이 음식에 그대로 묻어나오는 곳입니다.

동문식당

주소 & 연락처

인천광역시 강화군 전등사로
77번길 45

032-937-5332

메뉴 & 시간

버섯전골(중) 30,000원, 산채비빔밥 8,000원,
산채돌솥밥비빔밥 9,000원, 산채더덕비빔밥 10,000원,
묵밥 8,000원, 해물파전 13,000원, 도토리묵 13,000원

예산 2인 기준 16,000~30,000원

영업 시간 09:00~20:00

강화도에서의 일정을 마무리하는 장소인 전등사 입구에 위치한 동문식당을 소개합니다. 동문식당은 전등사 가까이에 위치해 있어 전등사로 올라가기 전 든든하게 배를 채울 수 있는 곳입니다. 전등사 가까운 곳에서 점심식사를 하고 싶다면 이곳을 선택하면 됩니다.

전등사는 강화도를 찾는 사람들 사이에서 입소문이 자자한 곳입니다. 산채비빔밥과 묵밥, 산채더덕비빔밥과 해물파전까지 어느 메뉴 하나 기대를 저버리는 음식이 없습니다. 식사를 하고 바로 전등사에 오르면 혹시 부담이 오지 않을까 고민하는 분들도 있을 겁니다. 하지만 동문식당의 메뉴는 대부분 자연식이기 때문에 식사 후에도 위에 부담 없이 산책을 즐길 수 있습니다. 아침을 든든하게 먹어서 식사 생각이 없다면 전등사를 먼저 방문하고 내려오는 길에 동문식당에 들러도 좋습니다.

전등사

주소 & 연락처
인천광역시 강화군 길상면
전등사로 37-41
032-937-0125
www.jeondeungsa.org

요금 & 시간
입장료 어른 3,000원,
정소년 2,000원
어린이 1,000원
주차료 대형 4,000원
소형 2,000원
운영 시간 09:00~18:00

문화재 정보
보물 제178호
수량/면적 1동
지정일 1963년 01월 21일
시대 조선시대

사찰에 발을 들이는 것만으로도 마음이 차분해지고 평화로워지곤 합니다. 이번 여정에도 사찰 방문이 포함되어 있습니다. 전등사는 우리나라 최고의 고찰 중 하나로 강화도 여행의 필수 코스입니다. 강화도까지 오셨으니 마지막 코스인 전등사는 꼭 들러보기를 바랍니다. 동문인 홍예교 밑을 지나 아름다운 숲길을 걷다보면 어느새 대웅전에 이릅니다. 보물 제179호인 약사전은 소규모 법당으로 우리나라에서 흔히 볼 수 없는 구조의 문화재입니다.

최근에 지어진 무설전은 그동안의 사찰 건축의 틀을 벗어 던지고 새로운 사찰 공간 양식을 지향하여 지어졌습니다. 이곳에서는 종종 미술 전시회도 열리는데, 사찰과 대중의 소통을 잇는 의미가 큰 공간이라 할 수 있습니다. 경내에는 조선왕조실록의 보관 장소였던 정족산사고(鼎足山史庫)를 비롯하여 강화의 역사를 만나볼 수 있는 곳이 많이 있으니 여유를 갖고 돌아보기를 바랍니다.

고성
리얼 바다를 보다
철원
속초
양양
춘천
★ 더이상의 주말 여행은 없다 ★
강릉
강릉 최강 라인업
정동진
낭만 바다 여행
홍천
횡성
평창
봉평에서 대관령까지
정선
동해
무릉도원
펜션 여행
원주

강원도

강릉   강릉 최강 라인업

강릉에서 가장 여행하기 좋은 두 지역을 꼽자면, 문화재가 집중되어 있는 시내 지역과 아름다운 경관이 공존하는 경포 지역이라 할 수 있습니다. 이번 여행에서는 시내와 경포를 집중적으로 돌아보되, 효율적으로 이동할 수 있도록 동선을 짰습니다. 첫째 날은 시내에서 일정을 보낸 후 경포 인근 숙소에서 쉬고, 둘째 날은 계속해서 경포지역을 둘러보겠습니다.

이번 여행의 포인트는 '강릉' 하면 떠오르는 아름다운 경포에 강릉 시내라는 약간의 양념을 곁들여 더욱 풍성한 강릉 여행을 만들었다는 점입니다. 경포 지역은 해변 주변으로 다양한 볼거리와 즐길거리를 갖고 있습니다. 전국에서 가장 아름답다고 알려진 경포호를 비롯하여 사극의 주 무대로 등장하는 문화재, 먹거리들까지…… 경포의 장점을 나열하자면 끝이 없습니다.

시내 지역은 강릉의 천년 역사를 간직하고 있습니다. 그 역사적 희소성만으로도 충분히 방문해볼 만한 곳입니다. 때문에 강릉까지 와서 해변에서만 시간을 보내고 돌아가는 사람들을 보면 참 답답합니다. 이번 여행은 이미 강릉에 다녀온 적이 있음에도 강릉을 잘 모르겠다고 말하는 분들에게 아주 적합한 여행이 될 것입니다.

COFFEE

1일 ① ➡ ⑥ 시내권+경포권
2일 ⑦ ➡ ⑩ 경포권

COST & DISTANCE

총거리 463.7km
총비용 269,600원

1일	거리(km)	산정 기준		비용(원, 2인 기준)
출발 ➡ 1	209.3	통행료	강릉IC	10,300
1	0.0	돌솥밥	농촌한정식	24,000
1 ➡ 2	1.8		강릉 임영관 삼문+칠사당	
2 ➡ 3	5.2	입장료	강릉선교장	6,000
3 ➡ 4	5.9	핸드드립커피	테라로사 사천점	9,000
4 ➡ 5	12.3	모둠C+육회	위촌리전통한우	50,000
5 ➡ 6	9.9	스튜디오(평일)	라카이샌드파인리조트	140,000
지점 합계	35.1			
합계	**244.4**			**239,300**

2일	거리(km)	산정 기준		비용(원, 2인 기준)
6 ➡ 7	1.0		경포호	
7 ➡ 8	2.7		허균·허난설헌 생가+기념관	
8 ➡ 9	1.3	얼큰순두부	동화가든	14,000
9 ➡ 10	4.9	입장료	오죽헌	6,000
지점 합계	9.9			
10 ➡ 도착	209.4	통행료	서울톨게이트	10,300
합계	**219.3**			**30,300**

★ 숙박은 시즌에 따라 가격 변동, 유류비 미포함

시내권+경포권

거리	서울 - 강릉	209.3km
	경유 지점	35.1km
비용	통행+식대+관람+숙박	239,300원

다양한 문화재와 자연을 느끼고, 차를 마시며 잠시나마 호수의 아름다움에 빠져보는 것은 어떨까요? 긴 여정을 고려해 먼저 시내에서 식사부터 한 후, 인근에 위치한 국내 최고의 문화재를 답사하는 것으로 일정을 시작하겠습니다. 오후에는 강릉의 꽃이라 할 수 있는 경포로 이동하여 여정의 정점을 찍겠습니다. 경포에는 해수욕장만 있는 것이 아닙니다. 수많은 영화와 드라마의 촬영지인 선교장의 활래정에서는 경포호를 바라보며 다도의 시간을 즐길 수 있습니다. 동선이 꼬이지 않도록 경포에서 멀지 않은 거리에 위치한 한우집을 저녁식사 장소로 추천했고, 경포해변이 내려다보이는 리조트에서 지낼 수 있는 숙박 장소를 넣어보았습니다.

시내권
경포권

서울

서울-영동고속도로 강릉IC
AM 09:00
180분
PM 12:00

1
농촌한정식
70분
교동반점
PM 01:10
10분
PM 01:20

2
강릉 임영관 삼문
+칠사당
60분
PM 02:20
20분
PM 02:40

3
강릉선교장
100분
PM 04:20
20분
PM 04:40

4
테라로사 사천점
70분
할리스 커피
PM 05:50
30분
PM 06:20

5
위촌리전통한우
80분
비선횟집
PM 07:40
20분
PM 08:00

6
라카이샌드파인리조트
파인팰리스

경포권

거리	경유 지점	9.9km
	강릉 – 서울	219.3km
비용	통행+식대+관람	30,300원

둘째 날에는 먼저 경포에서의 하룻밤이 못내 아쉬웠을 분들을 위해 경포호를 산책하는 시간을 넣었습니다. 산책 후에는 경포에서의 여운은 조금 남겨두고, 초당으로 이동하겠습니다. 초당 또한 강릉의 진면목을 느낄 수 있는, 빼놓을 수 없는 여행지입니다. 허균·허난설헌 생가와 기념관을 방문한 후에 점심식사로 초당의 대표 먹거리인 순두부를 먹는 것으로 오전 일정을 마무리하겠습니다. 오후에는 '강릉 최강 라인업'의 정점을 찍는 곳, 지폐 5천 원권의 배경인 오죽헌을 방문하는 것으로 강릉 여행을 마무리짓겠습니다.

일정	장소	시간
	숙소 or 주변 조식	AM 09:30
		10분
7	경포호	AM 09:40 / 60분 / AM 10:40
		10분
8	허균·허난설헌 생가 +기념관	AM 10:50 / 60분 / AM 11:50
		10분
9	동화가든 고분옥할머니순두부	PM 12:00 / 70분 / PM 01:10
		10분
10	오죽헌	PM 01:20 / 80분 / PM 02:40
		180분
서울	영동고속도로 강릉IC-서울	PM 05:40

음식 맛 ★★★★
음식 양 ★★★★
입지 ★★☆
시설 ★★★
청결 ★★★★
친절 ★★★★

농촌한정식

주소 & 연락처

강원도 강릉시 임영로
164번길 3
033-647-3600

메뉴 & 시간

돌솥밥(2인 이상) 12,000원, 한정식(소, 2인 이상) 15,000원,
한정식(중, 3인 이상) 20,000원, 한정식(대, 4인 이상) 26,000원,
한정식+돌솥밥 4,000원 추가
예산 2인 기준 22,000~40,000원
영업 시간 11:00~21:00, 명절 휴무

강릉을 여행하는 사람들은 보통 푸른 바다를 기대하며 강릉을 찾곤 합니다. 실제로 강릉은 바다가 유명하지만 사실 오랜 역사와 전통의 고장이기도 합니다. 음식 또한 오랜 역사를 느낄 수 있는 것들이 많습니다. 오랜 전통을 담아 수준 높은 전통음식을 선보이는 식당들이 많이 있습니다.

농촌한정식은 가격 대비 만족도가 높은 식당입니다. 전통한정식 전문점으로 한정식을 주문하면 전라도 지역의 유명 식당 못지않은 상이 차려집니다. 특히 돌솥밥을 주문하면 다른 한정식 식당에서 2만 원 정도 하는 밥상차림을 이곳에선 1만 원 대에 푸짐하게 즐길 수 있습니다. 서울권에서는 상상할 수 없는 가격대에 전통이 담겨 있는 음식 맛을 누릴 수 있는 것입니다. 강릉에서의 첫 식사는 적당한 가격의 강릉전통정식을 맛보기 바랍니다.

교동반점

주소 & 연락처

강원도 강릉시 강릉대로 205
033-646-3833

메뉴 & 시간

짬뽕면 6,000원, 짬뽕밥 6,000원, 군만두 6,000원
예산 2인 기준 12,000원
영업 시간 10:00~18:30

최근 전국에 유명한 짬뽕집 찾아다니는 '짬뽕로드'가 유행이라고 합니다. 교동짬뽕은 강릉 현지에서 직접 공수해온 해산물만 사용하여 짬뽕을 만드는 것으로 유명합니다. 전국 5대 짬뽕 중 하나로 손꼽히며 짬뽕 좀 먹어봤다 하는 사람들은 다들 알 만한 짬뽕입니다.

교동짬뽕은 여행객뿐만 아니라 현지인들도 즐겨 찾는 곳이기 때문에 식사시간 대에는 줄을 서서 기다려야 합니다. 하지만 면 요리의 특성 때문인지, 빼어난 맛 때문인지, 줄은 금세 줄어듭니다. 해산물과 돼지고기, 채소로 맛을 내고 김치가 더해진 교동짬뽕! 특유의 칼칼한 맛이 사람들의 입맛을 사로잡습니다. 고속도로에서 강릉시내로 진입하는 초입에 위치하고 있기 때문에 강릉 여행의 기점으로 삼아도 좋습니다.

강릉
임영관 삼문

주소 & 연락처
강원도 강릉시 임영로
131번길 6
033-640-5119

요금
입장료 무료

문화재 정보
국보 제51호
지정일 1962년 12월 20일
시대 고려시대 후기
형식/규모 앞면 3칸, 옆면 2칸,
단층맞배지붕
주심포양식

강릉 임영관 삼문은 고려시대에 지은 강릉 객사의 정문으로, 배흘림기둥으로도 더욱 유명합니다. 보통 배흘림기둥 하면 부석사 무량수전을 많이 알고 있지만, 강릉 임영관 삼문의 배흘림기둥이야말로 고려시대 미학의 절정을 보여주는 최고의 문화유산입니다. 특히 이 객사의 삼문(三門)은 고려시대 건축물로 그 가치를 따져보자면 전국 5위권 이내라 할 수 있을 만큼 가치 있는 문화재입니다. 보기 드문 초익공 주심포 구조방식으로 특별함을 더합니다. 최근에 보수 공사가 완료되었는데 일제강점기 수리 때 잘못된 부분을 바로잡고, 사라진 객사까지 복원했습니다. 바로 길 건너 동헌에 해당하는 칠사당까지 함께 정비되어 시내권 최고의 답사지로 손색이 없는 곳입니다.

가치 ★★★
입지 ★★★

칠사당

주소 & 연락처
강원도 강릉시 임영로
131번길 6
033-640-5119

요금
입장료 무료

문화재 정보
강원도 유형문화재 제7호
지정일 1971년 12월 16일
시대 조선시대
형식/규모 앞면 7칸, 옆면 3칸,
단층팔작지붕,
이익공양식

강릉에는 조선시대 행정집중시설인 동헌, 객사, 향교 등이 잘 보존되어 있습니다. 현재 강릉은 지방 소도시이지만 조선시대에는 지금의 광역시 정도의 규모와 역할을 하여 수준 높은 문화재가 지역의 자연환경과 조화를 이루고 있기 때문에, 강릉 여행에서 이런 답사지를 빼놓지 않고 추천하는 것입니다. 그중 관청에 해당하는 '칠사당'은 최근 객사문과 함께 정비를 마치면서 그 가치를 더하고 있습니다. 특히 칠사당 전면 누마루와 대청의 형식은 보존 가치가 매우 높으니 눈여겨보기를 바랍니다.

七事堂

강릉선교장

주소 & 연락처
강원도 강릉시 운정길 63
033-646-3270
www.knsgj.net

요금 & 시간
입장료 어른 3,000원,
청소년 2,000원, 어린이 1,000원
운영 시간 하절기 09:00~18:00
　　　　　　동절기 09:00~17:00
다도 체험 하절기 10:00~20:00
　　　　　　동절기 10:00~18:00

문화재 정보
중요민속문화재 제5호
지정일 1967년 4월 20일
시대 조선시대
형식/규모 사대부 저택, 99칸

현재 남아 있는 반가주택 중에서 실제 99칸의 규모가 그대로 보존되어 있는 곳은 강릉선교장이 유일합니다. 강릉선교장은 건립 초기의 배치와 규모를 그대로 유지하고 있으며, 정자부터 조경까지 빈틈을 찾기 어려울 만큼 잘 만들어진 우리나라 최고의 반가주택이라 할 수 있습니다.

강릉선교장은 일반적인 반가주택의 배치 형식인 'ㅁ'자의 채가 병렬을 이루고 있습니다. 그로 인해 밖으로는 드넓은 정원, 안으로는 짜임새 있는 다양한 공간을 만들어낼 수 있었습니다. 이는 조선시대 반가주택의 수준을 짐작할 수 있게 해줍니다. 입구에 들어서 좌우를 살펴보면 문과 문이 액자 틀처럼 늘어서 있는 모습이 특히 아름답습니다.

성리학 정신을 잘 반영하고 있는 활래정은 강릉선교장에서 빼놓을 수 없는 자랑거리로, 최근 영화 <관상> <후궁>, 드라마 <황진이> <공주의 남자> 등을 촬영했던 장소입니다.

테라로사
사천점

음식맛	★★★★
음식양	★★★★
입지	★★★★★
시설	★★★★★
청결	★★★★
친절	★★★★☆

주소 & 연락처

강원도 강릉시 사천면
순포안길 6
033-643-7979

메뉴 & 시간

핸드드립 4,500원~, 아메리카노 4,000원
예산 2인 기준 9,000~18,000원
영업 시간 10:00~23:00

안목 카페 거리의 매력이 바다를 품고 있는 것이라고 한다면, 테라로사 사천점의 매력은 숲과 바다를 함께 느낄 수 있다는 점입니다. 테라로사 사천점은 특별한 커피에 최상의 주변 환경이 더해져 각광받고 있는 '핫플레이스'입니다. 강릉의 커피 메카로 많은 사람들이 학산의 테라로사를 뽑지만, 이번 여정에서는 솔향기 가득한 테라로사 사천점의 분위기를 만끽하기를 바랍니다. 여행지와의 동선을 고려했을 때에도 사천점에 들러보는 것이 좋습니다. 특히 송판을 사용하여 결이 살아 있는 데크와 노출콘크리트의 외관이 주변 경관과 잘 어우러지는 2층에서는 어느 곳에서 보아도 한 폭의 그림 같은 풍경을 만날 수 있습니다. 그럼, 테라로사 사천점에서 강릉의 커피와 자연을 깊이 느껴보기를 바랍니다.

할리스 커피

주소 & 연락처

강원도 강릉시 창해로
14번길 51-20
033-652-2543

메뉴 & 시간

아메리카노(R) 3,900원, 카페모카(R) 4,900원,
카라멜마키아또(R) 5,300원, 그린티라떼(R) 5,800원
예산 2인 기준 7,800~11,600원
영업 시간 08:30~익일 02:00

안목항 주변에 카페 거리가 형성된 이유는 안목이 강릉 최고의 해변이기 때문입니다. 커피 한잔을 마시며 여유롭게 즐기고 싶을 만큼 안목의 해변이 아름다운 까닭입니다. 안목해변에서 커피 한잔의 여유를 즐기고 싶었던 강릉 주민들로 인하여 커피 자판기가 놓였고, 그 커피 자판기로부터 안목 카페 거리의 역사가 시작됐습니다. 하나둘 카페가 늘어난 안목은 '안목 카페 거리'라는 이름이 붙을 만큼 다양한 카페가 문을 열었습니다. 어느새 전국구 카페 거리가 되어 커피를 사랑하는 많은 이들이 이곳을 찾고 있습니다.

할리스 커피는 프랜차이즈 커피 전문점이지만, 안목해변을 제대로 즐길 수 있는 공간을 갖추었기에 휴식 공간으로 추천했습니다. 안목 할리스 커피는 안목 카페 거리에서도 가장 깊숙한 강릉항 방파제 앞에 위치하여 동서남북으로 주변 해안을 바라볼 수 있습니다. 강릉 최고의 경관을 이곳에서 즐길 수 있는 겁니다. 어느 시간대에 방문해도 감탄이 절로 나올 만한 풍경이 펼쳐지니, 할리스 커피를 방문하여 커피 한 잔의 가격으로 최고의 경관을 누려보길 바랍니다.

위촌리
전통한우

음식 맛	★★★★☆
음식 양	★★★★★
입지	★★☆
시설	★★★
청결	★★★★
친절	★★★★☆

주소 & 연락처

강원도 강릉시 성산면
소목길196
033-643-6928

메뉴 & 시간

모둠A+(600g) 53,000원, 모둠B(600g) 42,000원, 모둠C(400g)
+육회(200g) 50,000원

예산 2인 기준 50,000~53,000원

영업 시간 10:00~21:30

'강릉을 대표하는 음식' 하면 많은 사람들이 회나 초당순두부를 1순위로 뽑습니다. 그런데 사실 많은 강릉 주민들이 뽑는 강릉의 대표 음식은 바로 한우입니다. 이번에 소개할 강릉 맛집은 강릉에서 한우를 즐기기에 가격 부담이 적은 곳으로, 위촌리에 위치한 정육식당입니다. 가격이 저렴하니 고기 상태가 별로일 거라 생각하는 분들도 있겠지만, 이곳의 고기는 절대 뒤떨어지지 않습니다. 이곳 고기 상태와 같은 수준의 고기를 대도시에서 맛보려면 몇 배의 돈을 지불해야 합니다. 그만큼 이곳의 고기가 저렴한 값에 좋은 고기를 제공한다는 말입니다. 또한 대부분의 정육식당들이 세팅비를 따로 받아 실제 지불하는 가격에 거품이 생기지만, 이곳은 세팅비를 따로 받지 않습니다. 마을 깊숙이 찾아 들어가야 하기에 입지에서 낮은 점수를 받긴 했지만, 평일이나 주말 가릴 것 없이 강릉 주민들로 북적이는 맛집입니다. 경포에서도 그리 멀지 않으니 망설이지 말고 위촌리전통한우에서 알찬 저녁식사를 하는 건 어떨까요?

비선횟집

주소 & 연락처

강원도 강릉시 창해로
14번길 34

033-653-4888

메뉴 & 시간

모둠회(소) 80,000원, 모둠회(중) 90,000원, 생선구이 12,000원, 도루묵찌개(중) 40,000원, 점심 특선 회정식 15,000원

예산 2인 기준 30,000~80,000원

영업 시간 11:00~23:00

강릉까지 왔으니 신선한 회로 저녁식사를 하고자 하는 분들도 분명 있을 것입니다. 그래서 준비한 일정은 안목 카페 거리에 위치한 비선횟집입니다. 안목의 바다와 커피가 마음에 들어 이곳에 좀더 머물고 싶어진 분들이라면 안목에 남아 저녁식사까지 마치는 것이 좋을 것입니다. 비선횟집은 자연산 활어횟집의 정석이라고 할 수 있는 곳입니다. 최상급의 자연산 회만을 내어놓는 이곳은 진짜로 회를 즐길 줄 아는 사람들이 좋아할 만한 횟집입니다. 그렇다고 해서 회만 덩그러니 나오는 것은 아닙니다. 회를 중심으로 다양하고 깔끔한 곁들이 음식이 나옵니다. 아주 특별한 것은 없지만 신선한 자연산 회를 맛볼 수 있는 비선횟집. 안목해변의 기운을 받아 기대했던 풍성한 저녁식사를 할 수 있을 것입니다.

라카이샌드파인 리조트

주소 & 연락처

강원도 강릉시 해안로 536
1644-3001
www.lakaisandpine.co.kr

요금 & 시간

스튜디오룸 평일 140,000원, 주말 180,000원
온돌룸 평일 170,000원, 주말 220,000원
비회원 온돌룸, 스튜디오룸 예약 가능, 계절에 따라 요금 변동 있음
추가 인원 10,000원
입실 시간 14:00 / **퇴실 시간** 11:00

경포에서 가장 '핫'한 리조트인 라카이샌드파인리조트는 2012년 7월 문을 열었습니다. 초기에는 회원만 예약이 가능했으나 현재는 일반룸의 경우 비회원도 예약할 수 있습니다. 리조트 외관은 경포의 주변환경과 잘 어울리며, 숙박동과 부대시설은 '해변'이라는 주변 콘텍스트를 최대한 끌어들여 짜임새 있게 구성되어 있습니다. 실내 인테리어는 친환경적이면서도 모던하게 잘 구현되었습니다. 룸 상태 또한 항상 최상을 유지합니다. 현대호텔이 리모델링을 끝마치기 전까지는 경포에서 가장 좋은 숙박시설의 지위를 확실하게 이어갈 것 같습니다. 최고 시설의 리조트에서 편안한 경포 여정을 보내고 싶다면 라카이샌드파인리조트를 예약하기를 바랍니다. 이곳을 겪어보면 강릉에는 시설 좋은 리조트가 부족하다는 말은 하지 않게 될 것입니다.

파인팰리스

주소 & 연락처

강원도 강릉시 저동골길
105번길 37-1
010-5442-7178
www.pinepalace.co.kr

요금 & 시간

샤인(2인) 비수기 100,000~120,000원, 성수기 170,000원
프로방스(4인) 비수기 150,000~170,000원, 성수기 250,000원
밸리(6인) 비수기 190,000~220,000원, 성수기 300,000원
극성수기는 성수기보다 20,000~50,000원 요금 인상
추가 인원 10,000원
입실 시간 14:00 / **퇴실 시간** 12:00

여행을 갔을 때 펜션에서 숙박하기를 좋아하는 사람들은 아마 천편일률적이고 딱딱한 공간보다는 자연에 가까운 공간을 선호하는 경우가 대부분입니다. 파인팰리스는 그런 사람들의 욕구를 충족시켜줄 곳입니다. 다른 호텔이나 리조트에서는 느끼기 힘든 자연스러움과 친근함이 있는 단지형 펜션이기 때문입니다.

파인팰리스는 마당을 중심으로 다양한 모습의 건물, 부대시설들이 자리잡고 있습니다. 마당에서는 캠프파이어가 가능하며 물놀이 시설도 잘 되어 있어 가족 및 단체 여행의 숙박지로 적격입니다. 여러 채의 펜션 중 가장 최근에 지어진 도로 면의 펜션은 복층으로 되어 있어 다양한 공간 연출이 가능합니다. 경포의 수많은 펜션 중에서 굳이 이곳을 추천한 이유는 커뮤니티 구성이 훌륭하기 때문입니다. 거기에 친절한 펜션지기들도 있으니 강릉 여행 첫째 날을 기분좋게 마무리할 수 있을 것입니다.

경포호

주소 & 연락처
강원도 강릉시 경포로
해안로 일대
033-640-4414

이용 안내
시설 이용 경포호 자전거 대여 2인승 기준 7,000~15,000원

현재의 경포호는 예전에 비해 규모가 상당히 줄어든 것이라고 합니다. 오래전에는 강릉선교장 바로 앞에서 배를 타고 다녀야 할 만큼 규모가 상당히 컸다고 합니다. 규모가 줄어들어 아쉬운 부분도 있겠으나 최근에는 경포호 정비가 완료되어 경포대 해수욕장 못지않은 인기를 누리고 있습니다. 트래킹, 온천, 문화재 투어까지 연계할 수 있는 최고의 관광 특수 지역으로 인기가 급상승 중이며, 강릉 주민들도 숨통 트고 쉬어 갈 수 있는 곳으로 단연 동해권 최고의 휴양지라고 자부할 수 있습니다. 혹시 예전의 복잡하고 무질서한 경포호를 상상했다면, 정비 사업으로 확 달라진 경포호를 꼭 한번 다시 느껴보기 바랍니다.

허균·허난설헌
생가+기념관

주소 & 연락처
강원도 강릉시 난설헌로
193번지 1-16
033-640-4798

요금 & 시간
입장료 무료
운영 시간 09:00~18:00
휴관일 매주 월요일

강릉, 거기다 초당까지 왔는데 조선 중기 불세출의 여류작가인 허난설헌의 생가를 그냥 지나치는 것은 예의가 아닐 듯합니다. 허균·허난설헌 생가에는 기념관과 공원이 함께 마련되어 있어 볼거리가 풍성합니다. 또 초당에 위치하고 있기 때문에 경포 및 초당순두부마을 등으로 이동이 편리합니다.

생가 건물은 당시 기호학파의 영향을 받아 옛 허씨 집안의 분위기처럼 다소 자유로운 배치 형식을 가지고 있습니다. 평면은 'ㅁ'자 배치 형식을 기본으로 하고 있으나 사랑채 및 출입 형식이 다채로운 반가건축이라 할 수 있습니다. 강릉선교장과 더불어 영동 지방의 양반 문화를 다양하게 접해볼 수 있는 귀중한 공간이니 망설이지 말고 허균·허난설헌 생가에 찾아가길 바랍니다.

동화가든

주소 & 연락처

강원도 강릉시 초당순두부길
77번길 15
033-652-9885

메뉴 & 시간

짬뽕순두부 7,000원, 얼큰순두부 7,000원, 초두부 7,000원,
안송자청국장 7,000원
예산 2인 기준 14,000원
영업 시간 07:00~20:00

강릉 먹거리 하면 아무래도 초당순두부를 첫번째로 떠
올리는 사람들이 많습니다. 초당에 가면 많은 순두부집
이 있지만 최근에 가장 각광받고 있는 초당순두부집은
바로 짬뽕순두부로 유명한 동화가든입니다. 이곳은 강
릉 현지인들의 강력 추천을 받은 곳이기도 합니다.

최근 초당에서 가장 많은 분들이 찾아가는 곳이
라는 동화가든을 유명하게 만든 메뉴는 짬뽕순두부입
니다. 짬뽕순두부는 얼큰하지만 아주 맵지 않고, 고춧가
루를 잘 활용해 텁텁하지 않고 깔끔하면서도 초당순두
부의 깊은 맛 또한 그대로 잘 살려내어 더욱 특별합니다.
순두부의 색다른 매력을 느낄 수 있을 것입니다. 단 짬뽕
순두부는 오전 11시부터 오후 3시까지만 판매하니 시간
대를 잘 맞추어 방문하기 바랍니다.

고분옥할머니 순두부

주소 & 연락처
강원도 강릉시 초당순두부길
77번길 16
033-652-1897

메뉴 & 시간
순두부백반 7,000원, 두부찌개 8,000원, 옥수수동동주 4,000원
예산 2인 기준 14,000~16,000원
영업 시간 07:00~20:00

초당에는 수없이 많은 순두부집이 있습니다. 과연 그중에서 어디가 진짜 원조일까 하는 생각을 한번쯤 해보게 되는 곳인데요. 초당의 오리지널 순두부집은 바로 고분옥할머니순두부입니다. 그곳에 가면 고분옥 할머니께서 50년 넘게 아직도 직접 순두부를 만들고 계십니다. 명성 그대로 과장되지 않은 순수한 맛을 가진 순두부 요리였고, 현지인들과 관광객들 모두가 찬사를 아끼지 않는 곳이었습니다. 초당순두부의 전통방식 그대로 바닷물을 간수로 사용하고 있습니다. 바닷물의 짭짤함이 조금씩 묻어나며 입안에서 살살 녹는 초당순두부를 제대로 맛보고 싶다면 고분옥할머니순두부집을 꼭 찾기 바랍니다.

오죽헌

주소 & 연락처	**요금 & 시간**	**문화재 정보**
강원도 강릉시 율곡로 3139번길 24 033-660-3301 ojukheon.gangneung.go.kr	**입장료** 어른 3,000원 청소년 2,000원 어린이 1,000원 **운영 시간** 하절기 08:00~18:00 동절기 08:00~17:30 **휴관일** 1월 1일, 설날, 추석	보물 제165호 **지정일** 1963년 1월 21일 **시대** 조선시대 **형식/규모** 앞면 3칸, 옆면 2칸, 단층팔작지붕

오죽헌은 율곡 이이 선생이 태어나 어린 시절을 보낸 곳입니다. 역사적인 희소성과 의의뿐만 아니라 건축 또한 우수하여 그 가치를 더욱 인정받고 있는 곳입니다. 인근에 위치한 해운정과 더불어 몇 안 되는 조선 초기 익공건물의 대표작으로 잘 보존되어 있으니 꼭 방문해보기 바랍니다.

오죽헌에는 율곡 이이 선생의 사당과 박물관까지 있어 강릉의 문화를 함축적으로 알 수 있습니다. 율곡 이이 선생의 정신을 배우고, 강릉의 역사를 알고 싶은 분들이라면 꼭 들러보면 좋겠습니다. 또 오죽헌은 잠시 쉬어가기에도 충분히 좋은 곳입니다. 바람이 살랑살랑 불어올 때 오죽헌에 앉아 있으면 대나무 소리가 쏴아 하고 몰려옵니다. 대나무와 바람, 한옥이 어우러지는 아름다움 속으로 빠져들 수 있습니다. 5천 원권 지폐의 배경인 앞마당 포토존에서 사진을 찍어 추억을 남기는 것도 이곳을 찾는 재미 중 하나입니다.

고성   리얼 바다를 보다

이번 여행지는 아름다운 바다를 품고 있는 고성입니다. 동해 여행지 중에서도 더욱 특별한 바다를 품고 있는 고성이지만, 그동안 다른 지역에 비해 주목받지 못했습니다. 그 점이 못내 아쉬워 1박 2일 고성 바다 여행을 단독으로 구성했습니다. 고성의 아름다운 해변을 따라 북에서 남으로 이동해갈 것입니다.

바다 여행을 계획하면서 고성을 먼저 떠올리는 분들이 많지는 않을 것입니다. 동해 여행을 준비하는 대부분의 사람들이 강릉이나 속초를 먼저 떠올릴 것입니다. 멋진 바다와 숙소, 볼거리를 함께 고려했기 때문일 것입니다. 지금까지는 잘 알려지지 않았지만 고성 또한 바다를 즐기기에 좋은 요소들을 다 갖추고 있습니다.

고성은 강릉이나 속초보다 아름답고 깨끗한 바다를 품고 있을 뿐만 아니라 오랜 역사를 바탕으로 한 동해권의 독특한 문화를 갖고 있습니다. 먹거리와 숙박 또한 어느 지역에 뒤처지지 않습니다. 고성은 훌륭한 여행지의 조건을 모두 갖추고 있는 동해권 최고의 여행지라 할 수 있습니다. 그럼 지금부터 고성으로 떠나보겠습니다.

고성   리얼 바다를 보다

Journey
MAP

1일 ① ➡ ⑤ 북부권+남부권
2일 ⑥ ➡ ⑧ 남부권

N
S
고성통일전망대
②
북부권
① 화진포박포수가든
광범이네활어센터
⑦
건봉사 ③
고성왕곡마을 ⑧
46번국도
남부권
소노하임
펜션
⑤
⑥ 청간정
④ 선영이네둘
IN
OUT
56번국도

총거리 455.4km
총비용 293,800원

1일	거리(km)	산정 기준		비용(원, 2인 기준)
출발 ➡ 1	192.2	통행료	동홍천IC	8,900
1	0.0	막국수	화진포박포수가든	13,000
1 ➡ 2	5.3	입장료+주차료	고성통일전망대	9,000
2 ➡ 3	20.4		건봉사	
3 ➡ 4	29.6	물회	선영이네물회	30,000
4 ➡ 5	2.5	패밀리(주중)	소노하임펜션	200,000
지점 합계	57.8			
합계	250.0			260,900

2일	거리(km)	산정 기준		비용(원, 2인 기준)
5 ➡ 6	0.7		청간정	
6 ➡ 7	12.9	물회	광범이네활어센터	24,000
7 ➡ 8	3.6		고성왕곡마을	
지점 합계	17.2			
8 ➡ 도착	188.2	통행료	남양주톨게이트	8,900
합계	205.4			32,900

★ 숙박은 시즌에 따라 가격 변동, 유류비 미포함

북부권+남부권

거리	서울 - 고성	192.2km
	경유 지점	57.8km
비용	통행+식대+관람+숙박	260,900원

여행의 첫날에는 고성이 가지고 있는 가장 중요한 요소인 '바다'와 '문화'를 접할 수 있게 했습니다. 멋진 바다 그리고 천년의 역사와 남북 분단의 현실적인 역사를 동시에 접할 수 있는 곳입니다. 전체적인 루트를 보자면, 46번 국도에서 진입하여 해안도로를 따라 동해를 감상하며 화진포박포수가든으로 갈 것입니다. 오후에는 우리나라 최북단의 통일전망대에서 일정을 시작하여 남부로 이동하며 고성의 중요 지점들을 여행할 수 있도록 했습니다.

서울	서울-강일IC-서울춘천고속-46번국도	AM 08:30
		210분
		PM 12:00
1	화진포박포수가든	60분
		PM 01:00
		20분
		PM 01:20
2	고성통일전망대	120분
		PM 03:20
		40분
		PM 04:00
3	건봉사	60분
		PM 05:00
		50분
		PM 05:50
4	선영이네물회 👍	80분
	애슐리 in 켄싱턴리조트	PM 07:10
		10분
		PM 07:20
5	소노하임펜션 👍	
	켄싱턴리조트설악비치	

남부권

거리	경유 지점	17.2km
	고성 - 서울	188.2km
비용	통행+식대+관람	32,900원

일상에서 천국을 찾는다면 어떤 모습일까요? 스파에 앉아 고성의 '리얼 바다'가 창문 너머로 넘실대는 것을 바라보며 음악의 정취에 빠져들 수 있다면…… 그게 바로 천국이 아닐까요? 펜션에서의 여유를 충분히 즐기고, 아름다운 고성 바다가 한눈에 들어오는 청간정에서 첫 일정을 시작하겠습니다. 오후에는 북부 지방 전통마을의 정취를 잘 담아내고 있는 왕곡마을까지 돌아보고 일정을 마치겠습니다.

남부권

숙소 or 주변 조식
AM 10:00
10분
AM 10:10
6 청간정
60분
AM 11:10
20분
AM 11:30
7 광범이네활어센터
80분
PM 12:50
10분
PM 01:00
8 고성왕곡마을
120분
PM 03:00
210분
서울
44번 국도-서울춘천고속-강일IC-서울
PM 06:30

화진포
박포수가든

음식맛	★★★★
음식양	★★★
입지	★★★
시설	★☆
청결	★★★
친절	★★★

주소 & 연락처

강원도 고성군 현내면
화진포서길 76
033-682-4856

메뉴 & 시간

막국수(보통) 6,500원, (곱빼기) 7,000원, 명태식해 3,000원,
왕만둣국 7,000원
예산 2인 기준 13,000~20,000원
영업 시간 10:00~20:00

전국에서 손꼽히는 막국숫집 중 하나인 화진포박포수가든은 20년 이상, 3대째 맥을 이어온 막국수 전문점으로 고성 막국수의 한 축으로 자리잡았습니다.

막국수 맛을 좌우하는 핵심은 아무래도 동치미 국물이 아닐까 생각합니다. 이곳의 동치미 국물 맛은 자극적이지 않지만 심심하지도 않으며 깊은 맛이 우러납니다. 또한 기본 반찬도 실망을 안기지 않습니다. 특히 명태식해가 별미입니다. 막국숫집에서 빼놓을 수 없는 수육 또한 입에서 살살 녹아 그 맛이 일품입니다.

살얼음에 시원한 동치미 국물을 붓고 겨자와 식초, 설탕 그리고 들기름을 적당히 넣어 먹는 재미도 있으니 막국수 좋아하는 분들이라면 꼭 방문하여 고성 막국수의 진면목을 느껴보기 바랍니다.

고성
통일전망대

주소 & 연락처

강원도 고성군 현내면
금강산로 481
033-682-0088
www.tongiltour.co.kr

요금 & 시간

입장료 어른 3,000원, 청소년 1,500원
주차료 9인승 미만 3,000원, 9인승 이상 5,000원
운영 시간 하절기 09:00~17:30 / 동절기 09:00~15:50
　　　　　　 수학여행기 09:00~16:20 / 연중무휴

고성통일전망대는 대한민국 최북단에 위치한 통일전망대로, 북한을 비롯하여 동해 전체를 조망할 수 있는 곳입니다. 국내에 여러 곳의 통일전망대가 있지만 가장 가볼 만한 전망대가 바로 고성통일전망대가 아닐까 생각합니다. 고성통일전망대에서는 비무장지대와 휴전선 너머로 금강산과 아름다운 해금강을 볼 수 있습니다. 또한 다른 전망대에 비해 사람의 손길이 닿지 않아 자연 그대로의 아름다움을 잘 간직하고 있기에 그 가치가 돋보이는 곳입니다.

　분단의 갈등과 이산가족의 아픔을 그대로 간직하고 있는 통일전망대에서 조금이나마 역사의식을 되새기고 통일을 염원하는 시간이 되기를 바랍니다. 자녀와 함께 방문한 분들은 분단 현실을 체험할 수 있는 전쟁체험전시관도 방문하면 좋을 것입니다.

건봉사

1일차

주소 & 연락처

강원도 고성군 거진읍
건봉사로 723
033-682-8100

요금

입장료 무료

문화재 정보

건봉사 능파교
보물 제1336호
건봉사지
강원도 기념물 제51호
건봉사 불이문
강원도 문화재자료 제35호

동해의 숨겨진 보물이 고성이라면 고성의 진짜 보물은 건봉사라고 할 수 있습니다. 동해권에서 가장 독특한 색을 품고 있는 사찰인 건봉사는 기본 구성은 다른 대찰들과 별 차이가 없지만, 세세한 부분에 독특함이 살아 있습니다. 우선 일주문에서 대웅전까지의 동선이 능파교를 기점으로 'ㄱ'자로 꺾여 있어 사찰 전체의 시야가 탁 트여 있습니다. 사찰에 진입하면 능파교에 먼저 시선이 집중되도록 만드는 우수한 건축기법을 사용했습니다. 능파교는 국내에 몇 남지 않은 홍예형식의 석교이며, 보물로 지정되어 그 가치를 인정받고 있습니다. 건봉사지와 적멸보궁은 이곳이 1500년이 넘은 고찰이라는 사실을 보여줍니다. 그럼 지금부터 동해권 최고의 고찰을 찬찬히 거닐어보기 바랍니다.

선영이네물회

음식 맛	★★★☆
음식 양	★★★★☆
입지	★★★★☆
시설	★★☆
청결	★★☆
친절	★★☆

주소 & 연락처

강원도 고성군 토성면
토성로 75
033-632-1590

메뉴 & 시간

성전물회 15,000원, 육전물회 15,000원, 오미자 성전물회 15,000원,
오징어순대 12,000원, 회덮밥 12,000원, 국수사리 추가 2,000원
예산 2인 기준 24,000~30,000원
영업 시간 08:30~22:00

봉포항 인근에는 숙박할 곳도 많고 볼거리도 가득하지만, 그에 비해 먹거리가 많지 않다는 점이 아쉬운 점이었습니다. 1박 2일의 일정에서 여러 종류의 식사를 제안하고 싶었지만, 쉽지 않았습니다. 다만 물회에 있어서는 훌륭한 식당이 몇 곳 있는 편이라 이번 1박 2일 여행에서는 그중 두 곳을 엄선하여 추천하고자 합니다. 그 첫번째 집이 선영이네물회입니다.

성게와 전복, 오징어, 소라 등이 들어간 성전물회를 기본 메뉴로 즐겨도 좋지만, 선영이네물회의 가장 큰 장점은 물회의 종류가 다양하다는 것입니다. 물회의 강한 고추장 맛이 부담된다면 오미자성전물회를 먹어보는 것도 좋겠습니다. 물회가 아닌 회덮밥이나 오징어순대를 먹어도 충분히 만족할 만한 맛집입니다. 깔끔한 실내 분위기와 밑반찬이 잘 구비되어 있는 점도 이곳의 또다른 장점입니다.

애슐리
in 켄싱턴리조트

주소 & 연락처

강원도 고성군 토성면
동해대로 4800
033-638-1035

메뉴 & 시간

조식 9,900원(08:00~10:00), 평일 런치 12,900원(11:00~16:00),
평일 디너 19,900원(16:00~22:00), 주말·공휴일 19,900원(11:00~22:00),
와인바 16시부터 가능
예산 2인 기준 19,800~45,800원
영업 시간 8:00~22:00, 연중무휴

이번 여행의 첫째 날 석식 1순위로 선영이네물회를, 둘째 날 중식으로 광범이네활어센터를 추천했습니다. 하지만 1박 2일의 일정에서 물회는 한 번으로 충분하다면 켄싱턴리조트 내에 위치한 애슐리에서 저녁식사를 해도 좋습니다.

　멀리 고성까지 와서 대도시에도 많이 있는 애슐리가 웬 말이냐라고 생각할 수도 있습니다. 하지만 이곳 애슐리는 봉포해변을 한눈에 바라보면서 식사를 즐길 수 있는 특별한 공간입니다. 식당은 무엇보다 서비스와 분위기가 중요하다는 말이 있듯이 동해를 마음껏 느끼면서 저녁식사를 하기에는 이곳만한 곳이 없습니다. 식사 후에는 전면의 출입구로 나와 바로 해변 산책을 할 수도 있습니다.

소노하임펜션

주소 & 연락처

강원도 고성군 토성면
아야진해변길 35
010-7466-0662
010-5805-7447
www.sonoheim.com

요금 & 시간

1층 패밀리 기준 비수기 주중 200,000원, 주말 300,000원
성수기 실시간 요금 참조

추가 인원 중학생이상 30,000원, 어린이 15,000원

입실 시간 14:30 / **퇴실 시간** 11:00

소노하임펜션은 동해에서도 아름답기로 소문난 청간해변을 앞에 두고 있습니다. 소노하임펜션은 그동안 비슷한 수준이었던 동해권 펜션의 수준을 한 단계 끌어올린 숙소라고 평할 수 있을 만큼 입지와 시설, 콘셉트 모두 우수한 펜션입니다. 좋은 펜션의 기본적인 조건이라 할 수 있는 스파 및 데크의 복층 구조를 갖추고 있습니다. 부티크 호텔의 콘셉트까지 받아들여 로비층에는 넓은 레스토랑과 카페가, 옥상층에는 수영장이 있습니다.

소노하임펜션의 모든 객실에서는 동해에서 가장 푸른 빛깔을 간직한 청간해변을 한눈에 볼 수 있으며, 넓은 테라스에서 스파를 즐길 수 있습니다. 객실 구비 물건들도 고급스럽고 방 크기도 큰 편입니다. 친절도와 룸 컨디션 또한 최상이니, 고성 소노하임펜션에서 고품격 여행을 확실히 느껴보십시오. 단, 객실요금은 기간별 할인율이 달라지니 홈페이지를 꼭 확인하기 바랍니다.

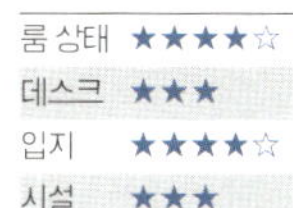

켄싱턴리조트
설악비치

주소 & 연락처

강원도 고성군 토성면
동해대로 4800
033-631-7601
www.kensingtonresort.co.kr

요금 & 시간

젠트리(3인) 200,000원 / 노블(4인) 260,000원
듀크(5인) 340,000원 / 로얄(7인) 400,000원
추가 인원 5,000원
입실 시간 14:00 / **퇴실 시간** 12:00

동해권에서 해변과 가장 훌륭한 조화를 이루고 있는 켄싱턴리조트 설악비치를 소개합니다. 이곳에 방문했을 때 눈에 띄었던 것은 해변의 모래사장과 연결된 리조트 마당이었습니다. 리조트 마당과 해변이 바로 이어져 있어 편하게 오갈 수 있으며 봉포해변의 넓은 해변을 어느 객실에서든 시원하게 감상할 수 있습니다.

고성 봉포항에는 수십 곳에 달하는 펜션들이 위치하고 있지만, 봉포항의 해변을 느끼기에는 부족한 점이 많습니다. 이곳 켄싱턴리조트는 리조트 자체의 시설이 뛰어난 편은 아니지만, 바다를 생각하고 고성을 방문하는 분들에게 큰 만족감을 선사해줄 것입니다. 봉포해변을 제대로 느끼고 싶다면 이곳에서 묵어가도 좋을 것입니다.

청간정

주소 & 연락처
강원도 고성군 토성면
동해대로 5110
033-680-3361

요금
입장료 무료

문화재 정보
강원도 유형문화재 제32호
수량/면적
1동, 앞면 7칸·옆면 3칸
지정일 1971년 12월 16일
시대 조선시대

청간정, 이곳이 강원 북부 최고의 절경지가 아닐까 생각합니다. 대나무 숲과 해변을 앞에 두고 멀리 동해까지 함께 바라볼 수 있다는 사실이 청간정의 가치를 끌어올립니다. 머리 위 처마와 함께 그려지는 청간정의 바다 풍경은 한 폭의 아름다운 한국화처럼 은은하게 다가옵니다. 단순히 해변에서 바라보는 동해와 격이 다르다는 것을 느낄 수 있을 것입니다.

이곳 청간정은 역사적인 스토리도 충분히 즐길 수 있는 곳입니다. 오랜 역사를 간직한 청간정은 예전부터 명사들이 고성에 방문하면 꼭 들르는 곳이었습니다. 이승만 대통령의 친필 현판을 여기에서 볼 수 있습니다. 화려하지는 않지만 소박한 아름다움을 지니고 있는 관동 8경중 하나인 청간정에 오르면, 여러분도 진정한 고성의 리얼 바다를 보게 될 것입니다.

　　　　고성　　　리얼 바다를 보다　　　　2일차

광범이네 활어센터

주소 & 연락처

강원도 고성군 죽왕면
가진길 71
033-682-3665

메뉴 & 시간

물회 12,000원, 회덮밥 10,000원
예산 2인 기준 20,000~24,000원
영업 시간 09:00~22:00

강원도 바닷가에 오셨으니 물회나 회덮밥으로 한 끼를 해결하고 싶은 분들이 많을 듯합니다. 사람들이 많이 찾아가는 강릉, 삼척 지역에는 다양한 식당들이 즐비해 있지만 사실 고성은 작은 지방이라 맛집이 풍부한 편은 아닙니다. 하지만 양보다 질이라고 했던가요. 고성에는 맛좋은 물회집이 있으니 바로 광범이네활어센터입니다.

주변 문화재를 탐방한 뒤 광범이네활어센터에 도착하면 맛있는 식사에 대한 기대가 한가득일 것입니다. 그 기대를 저버리지 않을 물회를 여기에서 맛볼 수 있습니다. 지금까지 물회를 잘 먹지 않던 사람들도 자연산 회와 넉넉하게 제공되는 소면을 말아 먹으며 물회의 매력을 찾게 될 것입니다.

고성
왕곡마을

주소 & 연락처
강원도 고성군 죽왕면
왕곡마을 41
033-631-2120
www.wanggok.kr

요금 & 시간
입장료 무료

문화재 정보
중요민속자료 제235호
수량/면적 233필지 / 180,741.7㎡
지정일 2000년 01월 07일
시대 조선시대

우리나라 전통마을 대부분이 영남 및 호남 지역에 집중되어 있습니다. 막상 가보아도 'ㅁ'자 형식으로 된 비슷한 전통마을이 많아 다소 지루하게 느껴질 때도 있습니다. 하지만 전통마을 여행을 많이 다니셨던 사람들에게도 고성왕곡마을의 집 구조와 생김새는 독특하게 느껴질 것입니다. 고성왕곡마을은 겨울이 춥고 긴 산간 지방의 생활에 편리하도록 한 'ㄱ'자 'ㅡ'자 등 다양한 형태의 관북 지방 겹집이 잘 보존되어 있습니다.

눈이 많이 오는 지역 특성상 고성왕곡마을의 가옥에는 대문과 담장이 없습니다. 고립을 방지하고 햇볕이 많이 들어오도록 하기 위해서입니다. 또 기단을 높게 하여 외기로부터 집을 보호하는 건축 기법을 사용했습니다. 고성왕곡마을의 가옥을 보면 북쪽 지방의 추운 날씨가 우리 옛집에 어떤 영향을 미쳤는지 알 수 있습니다. 강원도 전통마을을 잘 보여주는 소중한 문화재이지만 찾는 사람이 많지 않아 한적함을 즐길 수 있고, 요란하지 않은 전통가옥의 멋을 느낄 수 있는 곳입니다.

동해 　　　　무릉도원 펜션 여행

어릴 적 온 가족이 여행을 떠난다고 하면 어디에서 자느냐보다 어디를 가서, 무엇을 보느냐를 중시했던 게 떠오릅니다. 하지만 최근 여행의 흐름을 살펴보면 펜션, 리조트, 게스트하우스, 호텔 등 숙박을 중심으로 여행 일정을 짜는 걸 알 수 있습니다. 그중에서도 펜션이라는 공간은 특히 대중화되고 여행의 큰 일부분이 되었습니다.

펜션을 숙박지로 정해 여행을 떠나는 분들이 가장 기대하는 것은 색다른 느낌의 객실과 그곳만이 갖고 있는 어떤 특별함일 것입니다. 펜션은 천편일률적인 여행이 아닌, 느낌 있으면서도 조용한 시간을 보내는 데 좋은 장소입니다. 하지만 몇날 며칠 인터넷을 떠돌아보아도 나에게 딱 맞는 펜션을 찾기란 쉽지 않습니다. 전국 각지에 시설 좋고, 이름난 펜션은 분명 많지만, 펜션을 선택할 때 많은 사람들이 고려하는 호젓한 분위기, 펜션 주변의 환경 등까지 고려하면 그 선택의 폭은 좁아집니다. 그런 점에서 동해, 그곳에서도 묵호항은 펜션 여행에 가장 최적의 장소라 할 수 있습니다.

이번 여행에서는 묵호의 펜션들 그리고 그곳과 어울리는 동해의 아름다운 명소들을 묶었습니다. 그럼, 멀리서 그리고 가까이에서 동해의 바다를 감상할 수 있는 최고의 여행지를 찾아 떠나볼까요?

동해　　　무릉도원 펜션 여행

1일 ①➔⑤ 중부권+서부권
2일 ⑥➔⑧ 중부권+북부권

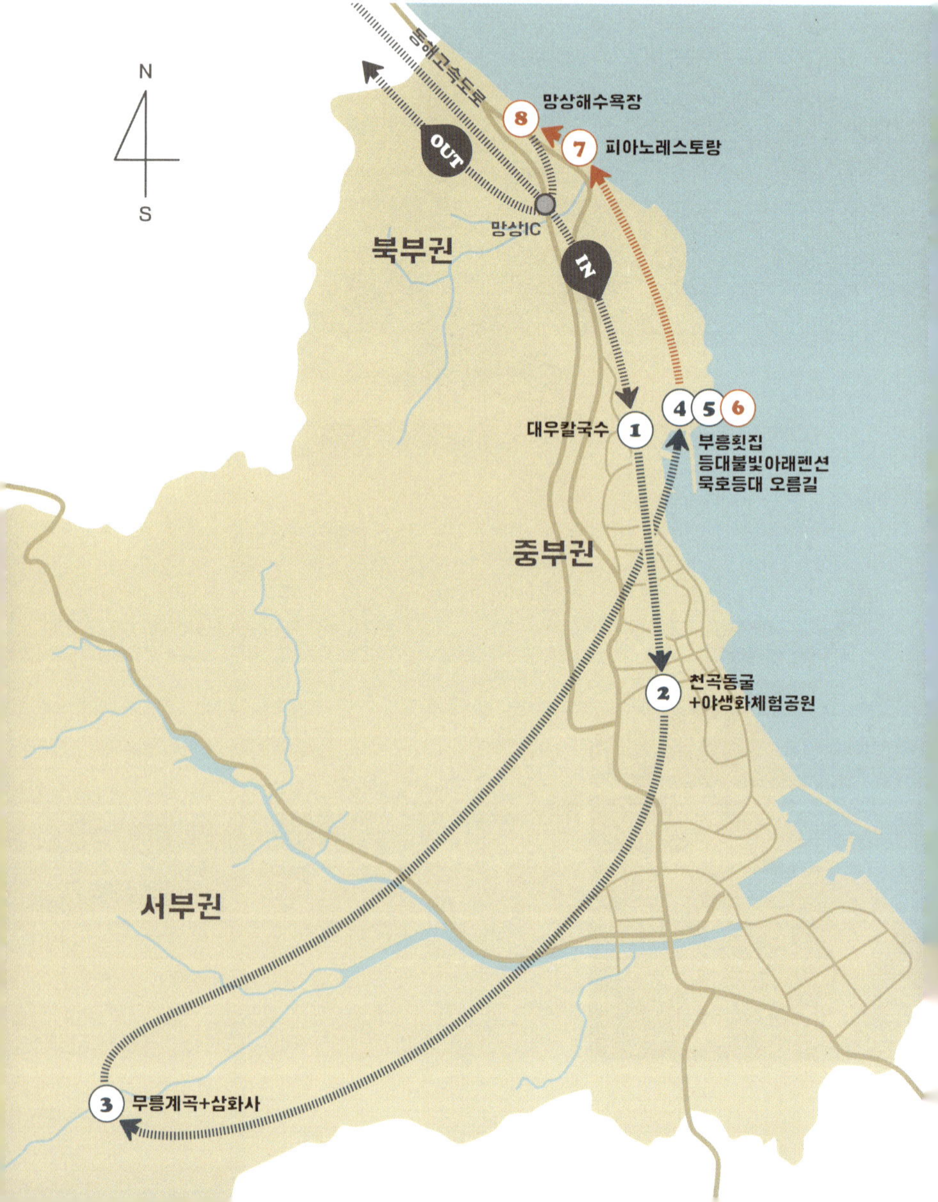

총거리 529.8km

총비용 178,600원

1일	거리(km)	산정 기준		비용(원, 2인 기준)
출발 ➝ 1	239.9	통행료	망상IC	11,700
1	0.0	장칼국수	대우칼국수	8,000
1 ➝ 2	4.8	입장료+주차료	천곡천연동굴+야생화체험공원	7,000
2 ➝ 3	12.9	입장료+주차료	무릉계곡+삼화사	6,000
3 ➝ 4	17.6	회덮밥+물회	부흥횟집	20,000
4 ➝ 5	2.0	지니(비수기 주중)	등대불빛아래펜션	90,000
지점 합계	37.4			
합계	277.3			142,700

2일	거리(km)	산정 기준		비용(원, 2인 기준)
5 ➝ 6	0.9		묵호등대 오름길	
6 ➝ 7	6.2	까르보나라	피아노레스토랑	24,000
7 ➝ 8	0.1		망상해수욕장	
지점 합계	7.2			
8 ➝ 도착	245.3	통행료	서울톨게이트	11,900
합계	252.5			35,900

★ 숙박은 시즌에 따라 가격 변동, 유류비 미포함

중부권+서부권

거리	서울-동해	239.9km
	경유 지점	37.4km
비용	통행+식대+관람+숙박	142,700원

이번 여행의 콘셉트는 동해로 떠나는 펜션 여행이지만, 그곳까지 가는 길에 자리한 동해의 중요한 여행지를 놓쳐서는 안 될 것입니다. 묵호항이 아무리 좋은 곳이라 하더라도 여정의 전부를 보내기에는 동해에 숨겨진 값진 보석들이 너무도 많습니다.

첫째 날은 동해의 볼거리 가운데 동해의 감성이 잘 드러나는 무릉계곡과 천곡동굴을 방문하겠습니다. 그동안 동해 여행에서 동해시를 중요하게 생각하지 않은 분이라도 동굴과 계곡을 체험하고, 천 년의 사찰을 거쳐 묵호등대에 오르면 동해가 우리나라의 숨어 있는 소중한 여행지라는 것을 알게 될 것입니다.

중부권
서부권
중부권
서울
서울-동해고속도로 망상IC
AM 08:40
200분
PM 12:00
1
대우칼국수
60분
PM 01:00
10분
PM 01:10
2
천곡천연동굴+
야생화체험공원
120분
PM 03:10
30분
PM 03:40
3
무릉계곡+삼화사
140분
PM 06:00
30분
PM 06:30
4
부흥횟집
80분
PM 07:50
10분
PM 08:00
5
등대불빛아래펜션
카프리펜션

중부권+북부권

거리	경유 지점	7.2km
	동해-서울	245.3km
비용	통행+식대+관람	35,900원

둘째 날은 펜션 여행의 진면목을 느끼게 될 것입니다. 두 곳의 펜션과 하나가 된 묵호 등대에서 오전을 보내고, 먼 길을 달려 동해까지 찾아왔으니 모래사장 한 번은 밟아야 하지 않겠느냐는 여러분의 바람과 맛있는 식사를 고려해 오후를 망상에서 보내고 돌아가는 일정을 준비했습니다.

중부권
북부권

숙소 or 주변 조식
AM 10:00
10분
AM 10:10

6 묵호등대 오름길
80분
AM 11:30
20분
AM 11:50

7 피아노레스토랑
70분
PM 01:00
0분
PM 01:00

8 망상해수욕장
60분
PM 02:00
200분

서울
동해고속도로 망상IC-서울
PM 05:20

음식 맛	★★★★
음식 양	★★★★
입지	★★
시설	★★
청결	★★☆
친절	★★★★

대우칼국수

주소 & 연락처

강원도 동해시 일출로 10
(묵호신협본점 옆 2층)
033-531-3417

메뉴 & 시간

장칼국수 4,000원, 비빔국수 4,000원, 잔치국수 3,000원,
냉콩국수 5,000원
예산 2인 기준 8,000원
영업 시간 09:00~21:00

칼국수의 핵심은 역시 국물입니다. 우리가 보통 즐기는 대부분의 칼국수는 맑은 육수에 면을 담가 구수한 향이 나지만, 대우칼국수의 칼국수는 지난 30년간 칼칼한 장칼국수의 맛을 지켜온 동해의 맛집입니다. 이곳 특유의 장칼국수의 쫄깃함과 깊은 맛에 감동해 수십 년째 이곳만을 찾는 단골손님들로 인해 식당은 늘 인산인해를 이룹니다.

처음 이곳을 찾는 사람이라면 실내 분위기에 조금 실망할지도 모르겠습니다. 하지만 30년이라는 이 식당의 역사를 감안해야 하고, 정성 들여 만든 면과 도루묵이 들어가 오묘한 맛을 자아내는 국물을 맛보면 실망스러운 기분은 금세 날아갈 것입니다. 대우칼국수의 진정한 맛은 국물 맛에 있으니 바닥까지 비우게 되더라도 놀라지 마시기 바랍니다.

천곡천연동굴
+야생화체험공원

주소 & 연락처

강원도 동해시 동굴로 50
033-532-7303

요금 & 시간

입장료 어른 3,000원, 청소년 1,500원, 어린이 1,000원
(동해시민 50% 할인)

주차료 소형 1,000원, 대형 2,000원

운영 시간 비수기 09:00~17:30
성수기 09:00~19:30

천곡천연동굴 　동굴은 어디를 가나 좋은 여행지입니다. 하지만 찾아가기 불편한 위치이거나 사전 예약을 꼭 해야 한다는 점 때문에 많은 분들이 적극적으로 찾아가지 않는 장소이기도 합니다. 산행에 버금가는 체력을 요구하는 것도 동굴 여행을 방해합니다.

　하지만 천곡천연동굴은 동해시의 중심에 위치하고 있어 접근하기 편리합니다. 최근에 발견되었다는 점이 무색할 정도로 볼거리가 뛰어나 삼척의 대금굴 등 전국의 유명 동굴과 비교할 때 결코 떨어지지 않는 재미를 선사합니다. 주차장과 매표소를 지나 헬멧을 쓰고 들어서면 믿기지 않을 만큼 특별하고 아기자기한 풍경이 당신을 맞이할 것입니다.

야생화체험공원 　먼 길을 달려 동해를 찾은 여행자에게 천곡천연동굴과 야생화체험공원은 다음 기회로 미루기 아까울 정도로 특별한 경험을 안겨주는 여행지입니다. 동굴 관람을 마치고 오른쪽으로 돌아가면 동굴의 후원이 나옵니다. 방금 전까지 본 동굴의 흔적과는 아주 다른 분위기의 공원으로 빠져들어 동굴에서의 감흥이 사그라질지도 모르지만, 어디 영화에서나 보았던 야생화와 푸른 잔디밭이 그림같이 펼쳐져 있습니다.

　잠시라도 잔디밭에 앉아 있으면 동해를 무릉도원이라 부르는 이유가 조금은 와 닿지 않을까 생각됩니다. 동굴과 야생화라는 아리송한 조합이지만 감동이 있는 천곡천연동굴과 야생화체험공원에서 지금까지와는 다른 색다른 체험의 시간을 보내보기 바랍니다.

마 리 아 상

무릉계곡

주소 & 연락처

강원도 동해시 삼화로 538

033-534-7306

요금 & 시간

입장료 어른 2,000원, 청소년
1,500원, 어린이 700원
(동해시민 무료 입장)

주차료 승용차 2,000원

운영 시간 하절기 09:00~20:00
동절기 09:00~18:00

문화재 정보

명승 제 37호

면적 1,534,669㎡

지정일 2008년 02월 05일

무릉도원은 중국 최고의 시인 도연명의 「도화원기」에 등장하는 이상향, 즉 상상속의 꿈의 장소를 말합니다. 무릉계곡은 진정으로 도화원기에 비견되는 절경과 하늘빛이 온 주변을 수놓은 듯한 신비한 모습을 하고 있습니다. 예로부터 수많은 학자와 선비들이 이곳을 찾아와 그 감정의 여운이 몹시도 깊은 나머지 기암절벽과 바위 등에 이상향에 대한 글귀를 수없이 남겨 놓았습니다.

여느 관광지처럼 입구에 길게 뻗어 있는 식당가를 지날 때만 해도 기존에 다녀본 가을 산행지들과 큰 차이가 있을까, 하고 걱정했습니다. 하지만 그리 힘들지 않은 산행, 아니 산책이라 생각해도 될 만큼 여유 있는 길을 따라 오르면 그동안 어느 곳에서도 느껴보지 못했던 깜짝 놀랄 만한 극적인 공간들이 나타납니다. 드라마 <성균관 스캔들>에서도 자주 등장했던 무릉도원 같은 분위기가 두타산 무릉계곡에 펼쳐집니다.

삼화사

주소 & 연락처
강원도 동해시 삼화로 584
033-534-7661~7662
www.samhwasa.or.kr

요금 & 시간
입장료 무료
(무릉계곡 입장료 지불 후 입장)

문화재 정보
동해 삼화사 3층석탑
보물 제 1277호
동해 삼화사 철조노사나좌불
보물 제 1292호

삼화사는 신라시대 자장율사에 의해 창건되었습니다. 이후 고려 태조 왕건이 '삼화사'로 명명했지요. 삼화사는 동해와 삼척에 위치한 여러 절들처럼 절을 위한 산인지 산을 위한 절인지 구분이 잘 되지 않을 정도로 주변 환경과 잘 어우러져 있습니다. 무릉계곡으로 20여 분 오르다보면 펄럭이는 듯한 기와지붕들이 조금씩 시야에 들어옵니다. 갑자기 눈앞에 이런 절 풍경이 펼쳐진다면 당황할 수도 있지만, 역시 우리 선조들은 탁월한 자리매김을 해두었습니다. 사찰로의 진입을 한 박자 꺾어놓아 조금씩 사찰 풍경을 느낄 수 있도록 해놓았습니다.

최근에 정비를 끝마친 느낌 때문에 고고한 맛을 느끼기엔 부족합니다. 하지만 중정의 탑을 돌아 본전인 적광전 오른편에 서서 두타산을 바라보면, 계곡의 가장 깊은 중심에 위치하면서도 전체 풍경을 흐트러트리지 않는 절의 배치와 구성이 느껴질 것입니다. 화려하지 않으면서도 기품을 잃지 않으려 한 삼화사야말로 산중사찰의 백미가 아닐까 합니다.

釋迦山三和寺

부흥횟집

주소 & 연락처

강원도 동해시 일출로 93
033-531-5209

메뉴 & 시간

회덮밥 10,000원, 물회 10,000원, 모둠회(중) 35,000원, (대) 40,000원
매운탕(2인) 20,000원, (3인) 25,000원, (4인) 30,000원
예산 2인 기준 24,000~30,000원
영업 시간 09:00~21:00, 첫째 주 일요일 휴무

바닷가로 여행을 가면 회를 싫어하는 분들을 제외하고는 거의 모든 분들이 무조건 회 한 접시 정도는 먹고 가고 싶은 마음이 들 것입니다. 횟집으로 가시면 한 상 가득 밑반찬이 나오는 횟집을 찾는 분들도 있겠으나, 최근 젊은 분들의 트렌드를 생각해볼 때 그러한 횟집은 상차림에 비해 가격이 비싸다고 여겨질 수도 있습니다.

그래서 이번에 소개하는 40년 전통의 부흥횟집은 한마디로 '실속형' 횟집이라고 할 수 있습니다. 모둠회 대를 주문하면 접시 가득, 다른 식당보다 질 좋은 회가 나오고, 회 주변에는 딱 쌈과 장만 놓일 것입니다. 실속파 여행객들에게 딱 맞게, 일반 횟집의 절반 가격에 밑반찬은 제외하고 회만 먹을 수 있도록 한 방식입니다. 혹시 조금 부족하다고 느낀 분들은 매운탕을 주문해서 총 6만 원으로 끝을 보면 합리적인 저녁식사를 마칠 수 있을 것입니다. 이곳의 또다른 장점은 묵호항 입구에 위치하고 있어 주차가 편리하다는 것이고, 식사 후에는 묵호항에서 바람을 쐴 수 있다는 점입니다.

등대불빛아래
펜션

주소 & 연락처

강원도 동해시
월소택지길32-2
010-7433-5335
www.mukholight.com

요금 & 시간

지니 비수기 90,000~120,000원, 성수기 120,000~200,000원
송이 비수기 110,000~150,000원, 성수기 150,000~240,000원
재이 비수기 150,000~180,000원, 성수기 180,000~280,000원
추가 인원 10,000원
입실 시간 15:00 / **퇴실 시간** 12:00

2000년대 이후 펜션과 게스트하우스 등으로 몰렸던 숙박 흐름이 최근에는 다시 리조트와 호텔로 넘어가고 있습니다. 펜션이 남다른 분위기의 호텔형 별장을 합리적인 가격에 즐긴다는 본래의 목적을 잃어가고 있기 때문입니다. 이러한 상황에서도 탄탄한 입지와 확실한 목적성을 갖고, 찾아오는 이들의 만족도를 충족시키고 상회하는 등대불빛아래펜션이 있습니다.

사실 이곳보다 시설이 뛰어난 펜션은 전국적으로 수없이 많습니다. 하지만 등대불빛아래펜션은 묵호등대의 불빛을 그대로 받아들여 어디에서도 찾을 수 없는 아름다움을 품은 탁월한 위치 선정이 눈에 띕니다. 전원주택에 놀러온 것 같은 환대를 느끼게 해줍니다. 운치 있는 원형계단 카페와 묵호해변에 그대로 얹혀 있는 듯한 테라스는 펜션이 가져야 할 감성을 잘 보여줍니다.

동해로의 차분한 감성 여행을 원하는 분이라면 등대불빛아래펜션이 최적의 숙소일 것입니다. 중층객실 중에서 재이방에서 묵는 분들은 더욱 감동적인 저녁시간을 보내실 겁니다.

카프리펜션

주소 & 연락처

강원도 동해시 해맞이길 287
010-3888-8013
www.capripension.co.kr

요금 & 시간

카프리 비수기 100,000~130,000원, 성수기 200,000원
나폴리·베네치아 비수기 130,000~170,000원, 성수기 250,000원
등대지기 비수기 150,000~170,000원, 성수기 250,000원
추가 인원 10,000원
입실 시간 15:00 / **퇴실 시간** 12:00

동해로의 펜션 여행을 기획할 수 있었던 것은 앞서 소개한 등대불빛아래펜션과 이곳 카프리펜션이 존재했기 때문입니다. 묵호등대를 배경으로 약간의 간격을 두고 서로를 바라보고 있는 두 펜션은 비슷한 면도 있지만, 아주 다른 특색을 지니고 있습니다.

등대불빛아래펜션이 이미 지나간 여인의 향기가 묻어나는 느낌이라면, 카프리펜션은 한 번 스쳐간 여인을 기다리는 설렘 같은 분위기입니다. 카프리펜션은 조금은 투박하지만 묵호등대를 코앞에 두고 있어 다양한 분위기를 감상할 수 있으며, 등대오름길이 펜션의 산책로와 연결되어 있어 묵호가 가진 모든 것을 그대로 누릴 수 있는 곳입니다. 여기에서 가장 좋았던 점은 카페의 분위기와 전망 그리고 주인아저씨의 트럼펫 연주였습니다. 친근함과 따뜻함이 전해지는 곳, 묵호의 분위기가 가장 잘 느껴지는 카프리펜션에서 동해를 느껴보기 바랍니다.

묵호등대
오름길

주소 & 연락처

강원도 동해시 산제골길 1
033-531-3258

요금

입장료 무료

묵호항 연혁

1936년~ 소규모 무연탄 적출항
1941년~ 국제 무역항으로 개항
1976년 대규모 확장 공사

이번 여정은 오랜 역사의 항구 마을, 묵호항을 찾아갑니다. 남으로 동해 북으로는 정동진이 있어 이동이 편리한 탁월한 입지를 자랑합니다. 묵호항은 현재 행정구역상 동해에 속해 있으나 예전에는 동해와 독립되어 있던 지역입니다. 묵호항은 동해와는 사뭇 다른 분위기와 지역색을 가졌고, 한적한 분위기를 느낄 수 있는 진정한 항구 도시입니다.

묵호항의 등대는 항구의 가장 높은 곳에 위치해 있는데 등대까지 오르는 길에는 수많은 작가들의 그림이 그려져 있어 재미있게 오를 수 있습니다. 전국 유명한 항구에는 어느 곳이나 멋진 등대가 하나씩 있게 마련이지만, 묵호등대 산책로를 거쳐 전망대에 올라보면 묵호항만의 특출난 경관에 가슴이 울렁거리는 것을 느낄 것입니다. 그럼 지금부터 하늘과 바다, 묵호등대 오름길과 함께 진정한 청명함을 즐겨보기 바랍니다.

피아노
레스토랑

주소 & 연락처 ┉┉┉┉┉┉┉┉
강원도 동해시
동해대로 6270-18
033-534-3666

메뉴 & 시간 ┉┉┉┉┉┉┉┉
생감자칩 고르곤졸라 피자 17,000원, 모짜렐라 마르게리타 피자 15,000원,
까르보나라 스파게티 12,000원, 밀레니엄 돈가스 12,000원
예산 2인 기준 24,000~29,000원
영업 시간 11:00~22:00

바닷가에서 무슨 레스토랑이냐는 분들도 있겠지만, 바다가 한눈에 들어오는 분위기 좋은 레스토랑에서의 식사도 나름대로 새로운 추억이 되리라 생각합니다. 특히 여행 좀 다녀봤다는 사람들은 피아노레스토랑이 지방에서 몇 손가락에 꼽히는 레스토랑이라는 사실을 잘 알고 있을 것입니다. 피자와 스파게티 또한 서울 여느 레스토랑에 절대 뒤지지 않습니다.

또 망상해변의 상가 대부분이 길가 뒤에 위치하고 있기 때문에 피아노레스토랑처럼 해변 감상과 식사를 동시에 할 수 있는 식당이 드물다는 사실이 피아노레스토랑의 가치를 더욱 높입니다. 개인적으로는 바닷가에 가면 워낙 해산물만 먹다보니 이곳에서 맛본 피자와 파스타의 맛이 오랫동안 기억에 남았습니다. 레스토랑 내부의 커다란 화덕에서 직접 구워 나오는 화덕피자가 이곳의 핵심 메뉴입니다. 동해 주변으로는 관광객들보다 오히려 주민들에게 널리 알려진 동해 최고의 화덕피자 전문 레스토랑입니다.

망상해수욕장

주소 & 연락처 ················
강원도 동해시 동해대로
6270-10
033-530-2799
www.dhtour.go.kr

요금 & 시간 ················
주차료 무료
개장 기간 매년 7월 8일~8월 21일
(45일간)

해수욕장 정보 ················
길이 2km **평균 수심** 1.5m
야영장 면적 41,760㎡
수용 인원 최대 20,000명

삼면이 바다인 우리나라에서 망상해변이 최고라고 단언하기엔 다소 무리가 있지만 개인적으로 이곳을 우리나라 5대·해변으로 꼽고 있습니다. 주변 부대시설과 경관까지 감안한다면 제주도나 남해안이 뛰어나다고 할 수 있으나, 해변 그대로의 해변을 유지하고 있는 점을 따져보면 망상해변이 1년 내내 최고의 컨디션을 유지하는 특별한 해변임이 확실해집니다.

고운 백사장이 실크처럼 부드럽게 다가오며 바다는 그 위로 춤을 추듯 넘실댑니다. 그 모습은 망상해변이 스스로 동해 최고의 해변임을 알리려는 노력처럼 보이기도 합니다. 겨울이 아니라면 4륜 오토바이를 타고 넓은 해변을 달려보는 것도 재미난 추억이 될 것입니다.

정동진   낭만 바다 여행

수없이 많은 바다 여행을 다녀보았지만 진정한 바다 여행지라 부를 만한 지역은 많지 않았습니다. 게다가 볼거리, 즐길거리, 먹거리 모두가 바다라는 하나의 구심점을 벗어나지 않는 여행지는 더더욱 찾기 힘들었고요.

'정동진'은 안인항에서부터 정동진항까지를 이르는 지역으로, 길게 뻗은 해안을 중심으로 다양한 콘셉트의 경관지, 답사지, 체험지들이 늘어서 있습니다. 때문에 식당에서부터 숙소까지 어느 곳을 가보아도 바다라는 주제와 동떨어져 있는 곳이 없습니다. 이번 정동진 여행은 1박 2일의 모든 시간을 바다를 향유하고 누릴 수 있도록 했습니다. 큰 감동이 있는 감성 여행이 될 것입니다.

정동진 남부 지역으로 진입하여 해안을 따라가는 일정이 진행될 것이고, 북부 지역에서 정동진을 빠져나갈 수 있도록 효율적인 동선을 짰습니다. 지금까지 바다 여행에서 지루함을 느꼈거나 가슴이 떨리는 것을 느껴보지 못했던 분들이라면 이번 정동진 여행은 더욱 가슴 깊이 남을 것입니다.

정동진   낭만 바다 여행

1일 ① ▷ ⑥ 중부권+북부권
2일 ⑦ ▷ ⑨ 북부권

cost & DISTANCE

총거리 483.4km
총비용 184,640원

1일	거리(km)	산정 기준		비용(원, 2인 기준)
출발 ➤ ①	236.4	통행료	옥계IC	11,200
①	0.0	손칼국수+감자옹심이	심곡쉼터	9,000
① ➤ ②	3.3	입장료	모래시계공원+정동진박물관	12,000
② ➤ ③	1.1	입장료	정동진역	1,000
③ ➤ ④	3.3		등명낙가사	
④ ➤ ⑤	7.1	능이토종닭	정감이마을능이백숙	50,000
⑤ ➤ ⑥	5.7	스탠더드(주중)	메이플비치리조트	65,340
지점 합계	20.5			
합계	256.9			148,540

2일	거리(km)	산정 기준		비용(원, 2인 기준)
⑥ ➤ ⑦	0.0		메이플비치리조트(산책)	
⑦ ➤ ⑧	3.7	가자미회덮밥	일미횟집	20,000
⑧ ➤ ⑨	2.3	입장료	통일공원(함정전시관)	6,000
지점 합계	6.0			
⑨ ➤ 도착	220.5	통행료	서울톨게이트	10,100
합계	226.5			36,100

★ 숙박은 시즌에 따라 가격 변동, 유류비 미포함

중부권+북부권

거리	서울 - 정동진	236.4km
	경유 지점	20.5km
비용	통행+식대+관람+숙박	148,540원

첫째 날의 여행 구성은 정동진역과 정동진항을 중심으로 한 중부 지역에서 시작해 안인항이 위치한 북부 지역을 종착점으로 다양한 바다를 느낄 수 있게 했습니다. 정동진의 볼거리가 정동진역만 있는 것이 아니며 먹거리가 회만 있는 게 아니라는 사실을 이번 일정에서 알 수 있을 것입니다. 이번 여행으로 기존에 많이 알려진 해돋이 명소인 정동진을 조금은 새로운 시각에서 바라보고 재조명할 수 있기를 바랍니다. 그럼 지금부터 바다열차에 올라탔다 생각하고 즐거운 정동진 여행 일정으로 출발하겠습니다. 동해안의 최고 여행지는 역시 정동진이라고 다시금 여기게 될 것입니다.

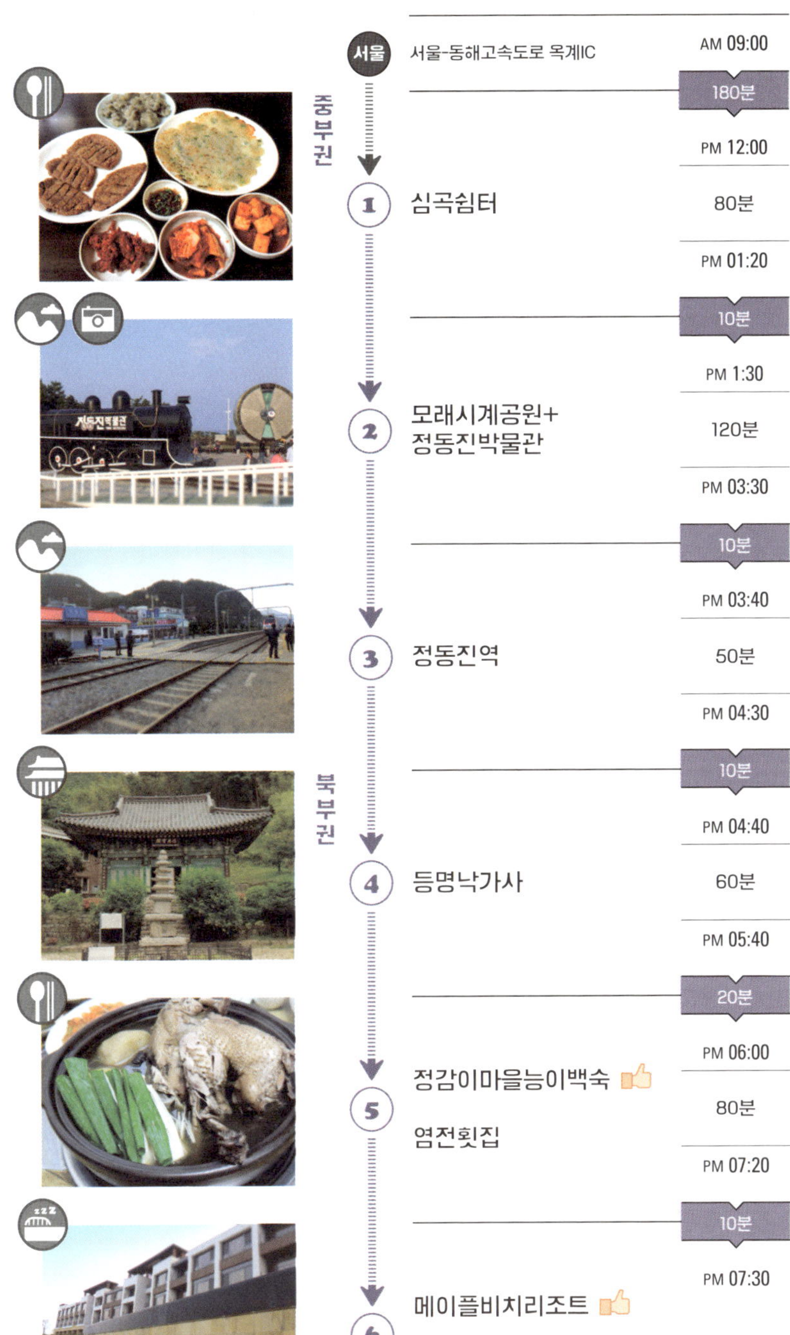

중부권
북부권

서울   서울-동해고속도로 옥계IC   AM 09:00
180분
PM 12:00

1   심곡쉼터   80분
PM 01:20
10분

PM 1:30
2   모래시계공원+
정동진박물관   120분
PM 03:30
10분

PM 03:40
3   정동진역   50분
PM 04:30
10분

PM 04:40
4   등명낙가사   60분
PM 05:40
20분

PM 06:00
5   정감이마을능이백숙   80분
염전횟집
PM 07:20
10분

PM 07:30
6   메이플비치리조트
썬크루즈호텔

북부권

거리	경유 지점	6.0km
	정동진-서울	220.5km
비용	통행+식대+관람	36,100원

둘째 날에는 정동진 북부 지역인 안인항 근처에서 시간을 보내겠습니다. 오전에는 조금 여유를 부리며 바다향이 물씬 풍기는 리조트에서 시간을 보내도 좋습니다. 여유를 충분히 즐긴 후 해산물이 듬뿍 들어간 점심식사를 하겠습니다. 마지막 일정은 통일공원을 둘러보는 것입니다. 북한 잠수정과 실제 사용되었던 구축함이 전시되어 있는 통일공원은 알찬 볼거리가 될 것입니다. 지점들 간의 거리가 가까운 만큼 여유롭게 다녀도 좋습니다.

     정동진   낭만 바다 여행

숙소 or 주변 조식		AM 10:30
		0분
6 메이플비치리조트(산책) 썬크루즈호텔 테마공원	AM 10:30 / 70분	AM 11:40
		10분
7 일미횟집 바다마을횟집	AM 11:50 / 70분	PM 01:00
		10분
8 통일공원 (함정전시관)	PM 01:10 / 80분	PM 02:30
		180분
서울 영동고속도로 강릉IC-서울		PM 05:30

심곡쉼터

음식맛	★★★★
음식양	★★★★
입지	★★
시설	★
청결	★☆
친절	★☆

주소 & 연락처

강원도 강릉시 강동면
헌화로 665-4
033-644-5138

메뉴 & 시간

수수점뱅이 6,000원, 감자옹심이 5,000원, 손칼국수 4,000원,
감자부침 5,000원, 감자송편 5,000원, 메밀국수 4,000원

예산 2인 기준 8,000~17,000원

영업 시간 평일 10:00~18:00 / 주말 10:00~19:00

도시화와 세대 간의 단절로 인해 최근 도시민들의 음식 문화 또한 변화하고 있습니다. 바쁜 시간에 짬을 내어 먹거나 혼자 식사를 하는 경우가 많아지면서, 편향적인 식습관을 갖게 되고 균형 잡힌 영양을 섭취하지 못하는 경우가 많습니다. 또 가족들이 다 함께 오순도순 둘러앉아 음식을 함께 나누고 대화하던 것은 저 멀리에 있는 추억이 된 지 오래입니다.

심곡쉼터는 시골집에 찾아가면 할머니 할아버지께서 만들어주시던 음식 맛을 그대로 느낄 수 있는 정취 어린 식당입니다. 강원도 전통식인 감자옹심이를 비롯하여 수수부꾸미, 감자 송편 등 간단한 음식들이지만 지금 도시에서는 찾아보기 어려운 메뉴들을 만날 수 있습니다. 시골 농사꾼의 집 그대로를 가게로 바꾸었기 때문에 불편한 점이 있지만, 어떻게들 알고 왔는지 식당은 시골 먹거리를 갈구하는 사람들로 내내 북적거립니다. 이곳 심곡쉼터 바로 앞 금진항에서 대게가 많이 출하된다는 점도 기억하면 좋을 듯합니다.

| 가치 | ★★★★ |
| 입지 | ★★★★★ |

모래시계공원

주소 & 연락처
강원도 강릉시 강동면
헌화로 990-1
033-640-4533

요금 & 시간
입장료 무료

정동진은 서울에서 정동(正東)에 위치한다는 이유로, 또 드라마 <모래시계>의 촬영지가 되었다는 이유로 갑자기 유명해졌다고 알고 있는 사람들이 많습니다. 하지만 사실 정동진은 그 이전부터 바다와 가장 가까운 철도역으로 기네스북에 올랐고, 주변 환경까지 빼어난 곳으로 정평이 나 있었습니다. 한때 관광객들로 몸살을 앓기도 했으나 최근에 아름답게 정비를 마치고 방문객을 맞이하고 있습니다.

주차장은 무료로 운영중이며 입구의 육교를 건너면 바로 왼쪽에 증기기관차의 '정동진박물관'이 오른쪽 멀리에는 썬크루즈호텔이, 앞으로는 아름다운 정동진해변이 펼쳐져 있습니다. 다양한 볼거리와 드라마 <모래시계>의 추억까지 모두 만나볼 수 있는 모래시계공원에서 정동진 바다 여행 마스터링을 시작해보기 바랍니다. 다시 살아난 정동진이라는 동해의 명소가 이곳을 찾아오는 분들의 마음을 충분히 적셔줄 거라 확신합니다.

정동진박물관

주소 & 연락처
강원도 강릉시 강동면
헌화로 990-1
033-645-4540
www.jdjmuseum.com

요금 & 시간
입장료 어른 6,000원, 청소년 5,000원, 어린이 4,000원,
경로, 유공자, 장애인 3,000원
주차료 승용차 2,000원
운영 시간 09:00~18:00

기존에 정동진 후면에 위치하여 접근이 불편했던 '타임스토리'가 정동진박물관으로 이름을 바꾸고 2013년 1월 현재의 모래시계공원 초입에 다시 문을 열었습니다. 다소 심심할 수 있었던 정동진 여행이 박물관과 더불어 한결 다양하고 깊이 있는 모습으로 업그레이드되었습니다. 박물관 건물은 정동진 모래시계공원 바로 옆, 증기기관차와 새마을호의 실내를 개조하여 만들어졌으며, 다양한 전시품과 시계의 역사를 알 수 있는 자료들을 전시하고 있습니다.

특히 전 세계에서 단 하나밖에 없는 타이타닉 회중시계가 이곳 강릉 정동진박물관에 있습니다. 침몰 당시인 1912년 4월 15일 새벽 2시 20분에 멈추어 있는 시계를 보면 오묘한 기분이 들 것입니다. 정동진박물관 측에서 낙찰을 받아 세계 최초로 전시하고 있는 것이니 꼭 방문하여 유심히 살펴보기 바랍니다. 정동진박물관에서는 아이들을 위한 프로그램이 운영중이며 향후 4D관도 개관할 예정입니다.

정동진역

주소 & 연락처
강원도 강릉시 강동면
정동역길 17
033-520-2523
www.jeongdongjin.co.kr

요금 & 시간
입장료 500원
운영 시간 06:00~24:00

정동진 모래시계공원에서 약 1킬로미터 정도 해안도로를 따라 올라가면 동해 여행 중에 한 번쯤 들러보았을 정동진역을 만날 수 있습니다. 1995년 방송계를 휩쓸었던 드라마 <모래시계>의 주요 배경으로 많은 분들이 추억하는 장소이고, 세계에서 바다와 가장 가까운 곳에 위치하고 있는 기차역으로 기네스북에 오른 의미 있는 장소이기도 합니다.

정동진 바다 여행의 최고 장점이라면 단순히 해변만 바라보는 것이 아니라 이곳 정동진역처럼 이야깃거리와 볼거리가 함께 있다는 것입니다. 기찻길을 건너 바다를 지척에 둔 벤치에 앉아 있으면, 시시때때 오가는 기차소리가 들려오고 기차에서 쏟아져내리는 사람들도 보입니다. 이 모든 것이 바다 여행의 깊은 울림과 흥분으로 가슴속 깊이 남게 됩니다. 공식적으로 입장료가 500원이라고 되어 있지만 사실 입장료를 받는 사람도 지불하는 사람도 없습니다.

등명낙가사

주소 & 연락처
강원도 강릉시 강동면
율곡로 1505-16
033-644-5337

요금 & 시간
입장료 무료

문화재 정보
등명사지오층석탑
강원유형문화재 제37호
지정일 1971년 12월 16일
시대 고려시대
높이 3.5m

바다와 사찰이 조화를 잘 이룬다고 평가받는 곳을 꼽아본다면 기장의 해동용궁사, 양양의 낙산사 등이 있습니다. 등명낙가사를 방문해보니 이곳 또한 바다와 잘 조화를 이루고 있다는 생각이 들었습니다. 대부분의 사찰이 대규모로 조성된 탓에 주변 경관을 압도하는 데 반해 등명낙가사는 규모가 자그마하며 아기자기한 면이 있어 정동진의 일부가 되어 조화를 이룬, 희소성 있는 장소입니다. 환상적인 정동진의 바다와 고즈넉한 사찰의 분위기가 서로 잘 어우러져 다른 곳에서는 보기 힘든 정취를 만들어냅니다. 주변에는 시야를 가리는 어떠한 장애물도 없어 대웅전 처마 밑으로 펼쳐지는 동해의 경관을 보면 가슴이 뭉클해지기까지 합니다. 대웅전에 올라 먼발치 동해를 감상한 후 중정의 오른편으로 숲을 거쳐 약사전 영역에 내려가면 등명낙가사가 아름다운 이유가 '멈추어 있는' 것이 아니라 하나의 '흐름이 있는' 구성 때문임을 알게 될 것입니다.

배를 세번씩만 만지고가면
큰복을 받습니다
~포대화상~

정감이마을 능이백숙

주소 & 연락처

강원도 강릉시 강동면
둔지길 81
033-645-6116
www.jgmvill.com

메뉴 & 시간

능이토종닭 50,000원. 밥 추가 5,000원, 버섯 추가 10,000원
1시간 전 예약 필수
예산 2인 기준 50,000원
영업 시간 09:00~18:00

정동진은 어디서나 바다를 코앞에 두고 있는 지역이라 보통 해산물 중심의 식사를 하게 마련이지만, 정동진에는 해산물 말고도 추천할 만한 먹거리가 많습니다. 그중에서도 이번에 추천하는 정감이마을능이백숙은 저녁시간이면 자리가 없을 정도로 유명세를 타고 있는 곳입니다. 관광객보다는 강릉과 동해 등 주변 지역의 입맛 까다로운 분들이 즐겨 찾는 식당입니다.

닭고기와 버섯은 따로 먹어도 좋지만 함께 먹으면 더욱 금상첨화입니다. 닭고기와 버섯이 잘 어우러진 능이백숙은 일반적으로 맛보았던 백숙과는 향과 고기살의 쫀득함에 차이가 있습니다. 살을 베어 물면 능이버섯의 깊은 향이 가득히 밀려와 토종닭의 장점을 극대화시킵니다. 요리는 주문을 받은 시간부터 시작하기 때문에 방문하기 한 시간 전에 예약하면 기다리지 않고 먹을 수 있습니다.

염전횟집

주소 & 연락처

강원도 강릉시 강동면
염전길 147
033-644-6227

메뉴 & 시간

가자미회덮밥 10,000원, 물회 12,000원, 모둠회(중) 60,000원,
(대) 70,000원, 우럭 50,000원, 광어 50,000원,
가자미회(소) 40,000원, (중) 50,000원, (대) 60,000원,
매운탕(소) 20,000원, (중) 30,000원, (대) 40,000원

예산 2인 기준 20,000~60,000원
영업 시간 10:00~21:00

정동진에서 먹어볼 만한 회로는 가자미를 꼽을 수 있습니다. 가자미는 회로 먹어도 좋지만 무침과 덮밥으로 맛보아야 재대로 맛봤다고 할 수 있습니다. 다음날 중식 두번째 추천한 일미횟집에서도 가자미를 맛볼 수 있는데, 일미횟집은 바다를 보면서 식사할 수 있다는 장점이 있습니다.

반면 이번에 소개하는 염전횟집은 양이 압도적으로 많습니다. 일단 초고추장을 살살 부어 회무침으로 가자미를 맛본 후 따뜻한 밥을 넣어 회덮밥까지 맛본다면 기존에 도심의 횟집에서 접해보았던 회무침과 회덮밥을 기억에서 지우고 싶을지도 모릅니다. 숙박지로 추천한 메이플비치리조트로 들어가는 초입에 위치하고 있어서 식사 후 숙소로 이동하는 것 역시 편리합니다.

메이플비치 리조트

주소 & 연락처

강원도 강릉시 강동면
염전길 255
033-823-2000
www.mukholight.com

요금 & 시간

스탠더드(2인+1인) 주중 65,340원, 주말 87,120원
디럭스자쿠지(2인+1인) 주중 87,120원, 주말 108,900원
패밀리(4인+1인) 주중 131,890원, 주말 175,450원
스위트(4인+1인) 주중 175,450원, 주말 229,900원
추가 인원 10,000원
입실 시간 14:00 / **퇴실 시간** 11:00

관광지가 갖추어야 할 기본 요건 중 첫째는 바로 쾌적한 숙박이 아닐까 싶습니다. 정동진이 아무리 최고의 바다 경관을 뽐내는 지역이라도 이곳 메이플비치리조트가 없었다면 일정을 꾸리는 데 어려움이 컸을 것입니다. 정동진 바다 중에서도 깨끗하기로 손에 꼽는 안인항의 해안 도로를 따라 들어오면 깨끗하고 쾌적한 리조트가 눈앞에 나타납니다.

이곳의 최대 장점은 공간이 유기적으로 조화를 이룬다는 점입니다. 단순히 모든 객실에서 먼 바다를 조망할 수 있는 게 아니라 테라스 문을 열면 잔디밭 너머의 바다 풍광을 객실 내부까지 담을 수 있습니다. 코어와 동선 모두 주변 환경을 적극적으로 받아들여 구성되었습니다. 동해로 여행 좀 다녀봤다는 분들이라면 이런 숙소가 흔치 않다는 걸 알 것입니다. 리조트의 후면으로는 조성이 잘 된 18홀의 골프장이 있고, 리조트 중앙에는 아담한 수영장이 있습니다. 수영장에 앉으면 눈높이 시선에 딱 들어오는 동해 풍경이 잊지 못할 추억으로 다가올 것입니다.

썬크루즈호텔

주소 & 연락처
강원도 강릉시 강동면
헌화로 950-39
033-610-7000
www.esuncruise.com

요금 & 시간
스탠더드(2인) 주중 88,000원, 주말 143,000원
패밀리디럭스(4인) 주중 154,000원, 주말 209,000원
럭셔리(2인) 주중 121,000원, 주말 198,000원
주니어스위트(4인) 주중 220,000원, 주말 286,000원
추가 인원 11,000원
입실 시간 15:00 / **퇴실 시간** 11:00

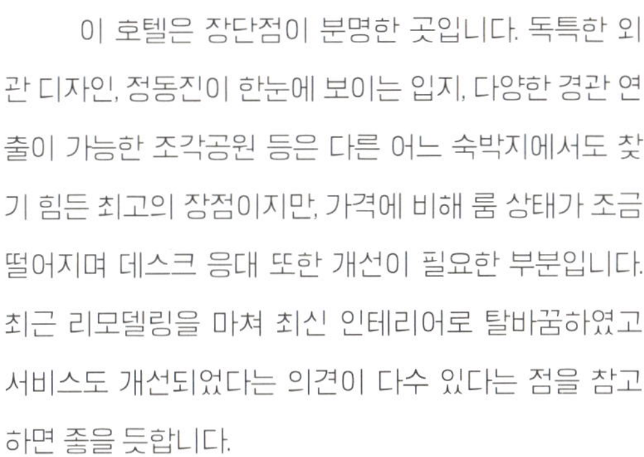

정동진에서 기대할 수 있는 특별한 경관과 경험을 원하는 분들에게는 썬크루즈호텔이 적합할 것 같습니다. 썬크루즈호텔의 입지는 정동진 최고라 할 수 있고, 외관이 크루즈선 모양으로 되어 있어 멀리서도 한눈에 들어오는 정동진 명물입니다.

이 호텔은 장단점이 분명한 곳입니다. 독특한 외관 디자인, 정동진이 한눈에 보이는 입지, 다양한 경관 연출이 가능한 조각공원 등은 다른 어느 숙박지에서도 찾기 힘든 최고의 장점이지만, 가격에 비해 룸 상태가 조금 떨어지며 데스크 응대 또한 개선이 필요한 부분입니다. 최근 리모델링을 마쳐 최신 인테리어로 탈바꿈하였고 서비스도 개선되었다는 의견이 다수 있다는 점을 참고하면 좋을 듯합니다.

기대 심리를 조금만 줄이면 최상의 전망과 조각공원, 새로워진 시설 등으로 예전의 평가를 뛰어넘는 경험을 할 수 있는 곳이라 믿습니다. 이곳에 묵는다면 범선횟집과 요트패키지를 이용해도 좋을 것입니다.

메이플비치리조트
(산책)

주소 & 연락처

강원도 강릉시 강동면
염전길 255
033-823-2000

메이플비치리조트의 최대 장점은 아름다운 주변 풍경입니다. 그러니 리조트의 시설이 좋다 하여 실내에만 머무르기보다 바다의 상쾌한 아침 공기를 맡으며 안인해변을 산책하거나 골프 리조트를 이용해보는 것도 좋습니다.

해변의 모래사장을 걷는 것은 다른 곳에서도 충분히 경험한 만큼 여기에서는 리조트 후면의 산책로를 따라가보는 것을 추천합니다. 산책을 마친 다음에는 리조트의 옥상에 올라 바다를 바라보며 커피 한 잔의 여유도 가져보기를 바랍니다. 이 정도면 정동진으로의 바다 여행이 단순하지 않은, 다채롭고 독특한 색을 가진 여행이라는 점 충분히 느꼈을 것입니다.

썬크루즈호텔 테마공원

주소 & 연락처
강원도 강릉시 강동면
헌화로 950-39
033-644-9411~3

요금 & 시간
입장료 어른 5,000원, 어린이 3,000원, 중·고등학생 3,000원,
초등학생, 유치원생 2,000원, 숙박객 무료
주차료 무료
운영 시간 비수기 일출 30분 전~일몰시까지
주말 및 성수기 04:30~21:00
기상 및 시정에 따라 운영 시간 변동 가능

정동진에 도착하면 썬크루즈호텔이 멀리에서도 먼저 눈에 띕니다. 때문에 썬크루즈호텔에서 숙박을 하지 않더라도 어떤 곳일지 궁금해할 분들이 많을 것입니다. 썬크루즈호텔 내에 위치한 테마공원은 정동진의 멋진 경관을 가장 잘 볼 수 있는 곳으로 조경시설과 스카이워크 그리고 멋진 조각이 있어 볼거리가 아주 다채롭습니다. 단순히 공원에 조각품 몇 개 있는 정도였다면 추천하지 않았을 것입니다.

테마공원의 여운이 남는 분들은 360도로 회전하는 카페로 유명한 호텔 스카이라운지로 향해보기 바랍니다. 테마공원 입장권을 소지하거나 호텔에 투숙하는 분들은 음료 주문시 50퍼센트 할인을 받을 수 있습니다.

일미횟집

주소 & 연락처

강원도 강릉시 강동면
안인일출길 50
033-644-6139

메뉴 & 시간

가자미회덮밥 10,000원, 물회 10,000원, 가자미회(소) 50,000원, (특대) 100,000원, 모둠회(소) 60,000원, (특대) 100,000원

예산 2인 기준 20,000~60,000원

영업 시간 10:00~21:00

일미횟집은 정동진 초입에 해당하는 안인항에 위치하고 있어 돌아가는 길에 식사하기 좋은 곳입니다. 많은 분들이 일미횟집을 찾는 이유는 아마도 사장님께서 낚시로 직접 잡은 신선한 가자미를 사용하여 만드는 '가자미회덮밥 때문일 것입니다. 특히 가자미는 회 뜨기가 어려워 실력 없는 횟집에서는 찾아볼 수 없는 메뉴입니다. 2층에 올라가면 바다를 바라보면서 식사하실 수 있습니다.

간단한 팁을 드리자면, 초장을 넣어 회무침으로 절반 정도 먹은 후 밥을 넣어 나머지는 덮밥으로 먹을 수 있습니다. 회무침과 회덮밥 두 가지 메뉴를 즐길 수 있는 방법입니다. 강릉에 있는 수많은 맛집들 중에서도 개인적으로 선호하는 곳이 바로 일미횟집이랍니다.

바다마을횟집

주소 & 연락처

강원도 강릉시 강동면
정동등명길 23
033-644-5747

메뉴 & 시간

회덮밥 12,000원, 전복죽 15,000원, 물회 12,000원, (특) 20,000원,
섭해장국 10,000원, 섭칼국수 8,000원, 우럭매운탕(소) 30,000원,
(대) 40,000원, 광어·우럭(소) 80,000원, (대) 90,000원,
모둠회(소) 90,000원, (대) 100,000원

예산 2인 기준 20,000~60,000원

영업 시간 09:00~22:00

정동진에 왔으니 해산물이 들어간 별미를 지나칠 수가 없습니다. 이번에 소개하는 메뉴는 바로 섭칼국수입니다. '섭'이라고 하면 모르는 분들도 있지만 '홍합'이라고 하면 다들 아실 겁니다. 그렇다고 하여 흔하디 흔한 홍합이 아니고, 예전만 해도 전복이나 해삼보다 귀했다는 우리 바다의 토종홍합을 섭이라고 합니다. 자양, 보간의 효능으로 허약 체질에 좋다고 하니 여행으로 부족해진 체력을 보충하기에도 좋은 식사가 될 것입니다.

깊숙한 곳에 위치해 있음에도 이른 시간부터 많은 사람들이 찾는 이유는 딱 한 입만 먹어보아도 알 수 있을 것입니다. 섭의 쫀득거리는 식감과 풍부한 바다향이 칼국수에 그대로 묻어나오는 게 아주 맛이 좋습니다. 등명 낙가사 바로 건너편 해송 숲 앞에 위치하고 있기 때문에 상쾌한 기분으로 식사를 할 수 있는 곳입니다.

8 ← 2.25km — 9 — 220.52km → 서울

가치 ★★★★
입지 ★★★★★

통일공원
(함정전시관)

주소 & 연락처

강원도 강릉시 강동면
율곡로 1616
033-640-4470

요금 & 시간

입장료 어른 3,000원, 청소년·군인 2,000원, 어린이 1,500원
운영 시간 3~10월 09:00~17:30
　　　　　　 11~2월 09:00~16:30

군함이 전시되어 있는 공원은 몇 군데 방문해보았지만 이곳만큼 다시 가보고 싶었던 곳은 없었습니다. 정동진으로 향하는 아름다운 7번 국도를 따라가다보면 오른쪽으로 바다 위에 떠 있는 것 같은 장대한 군함이 눈에 들어옵니다. 보통 군함공원들이 비싼 입장료를 받으면서 관리 상태는 미비해 사람들에게 외면을 받지만, 이곳 통일공원은 강릉시가 지속적인 관리를 하고 있습니다. 더불어 정동진이라는 좋은 환경을 등에 업어 명소가 되었습니다.

　통일공원은 안보전시관 맞은편에 위치해 있으며, 공원 내에는 실제 강릉에 침투했던 북한 잠수정이 전시되어 있어 볼거리가 다양합니다. 군함 내부에는 좋은 자료들이 전시되어 있으니 가족 여행객들은 꼭 방문해보기 바랍니다. 또한 이곳은 등명낙가사와 정동진역 사이에 위치해 있어 접근성이 좋습니다.

　정동진 하면 시계탑 공원만 생각하시겠지만 이제는 정동진에서도 볼거리의 흐름이 많이 바뀌었습니다. 1박 2일의 여정으로 떠나기엔 아쉬움이 진하게 남을 수밖에 없는 정동진 여행이었습니다.

  춘천   더이상의 주말 여행은 없다

수요일을 넘어 목요일이 되면 많은 사람들이 '이번 주말엔 어디를 가야 할까' 고민합니다. 춘천은 수도권 인근에서 가장 인기 있는 여행지로 이미 많은 사람들이 즐겨 찾는 곳입니다. 아마 조금 식상하다고 여기는 분도 있을 겁니다. 그래서 그동안의 춘천 여행에서 경험하지 못한 새로운 일정의 춘천 여행을 준비했습니다.

춘천의 남이섬은 춘천 여행의 기초라고 할 정도로 가보지 않은 사람을 찾기 힘들 정도이고, 춘천 여행을 어느 정도 해본 분들이라면 춘천 시내까지 섭렵했을 것입니다. 하지만 춘천의 북부 지역으로 산행을 다녀온 분들은 그리 많지 않습니다.

이번 여행은 소양강이 흐르는 춘천의 북부 지역을 중심으로 시내 및 남부 지역을 함께 돌아보는 춘천으로 떠나는 주말 여행의 마지막 최강 코스입니다. 더이상의 춘천 여행은 필요 없다는 분들도 이번 일정으로 춘천을 다시 보게 될 겁니다. 청평사의 북부 지역을 거쳐 의암호 시내에서 숙박을 하고, 다음날 김유정문학촌이 자리한 남부를 거쳐 여행을 마무리하는 일정을 소개합니다.

  춘천   더이상의 주말 여행은 없다

Journey
MAP

1일 1 → 6 북부권+중부권

2일 7 → 10 중부권+남부권

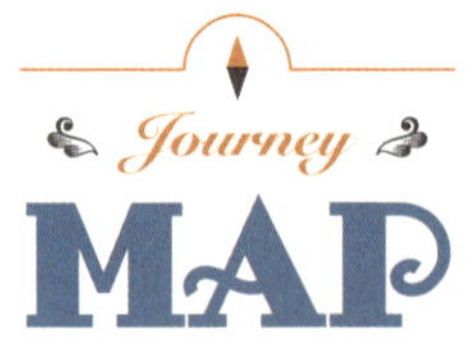

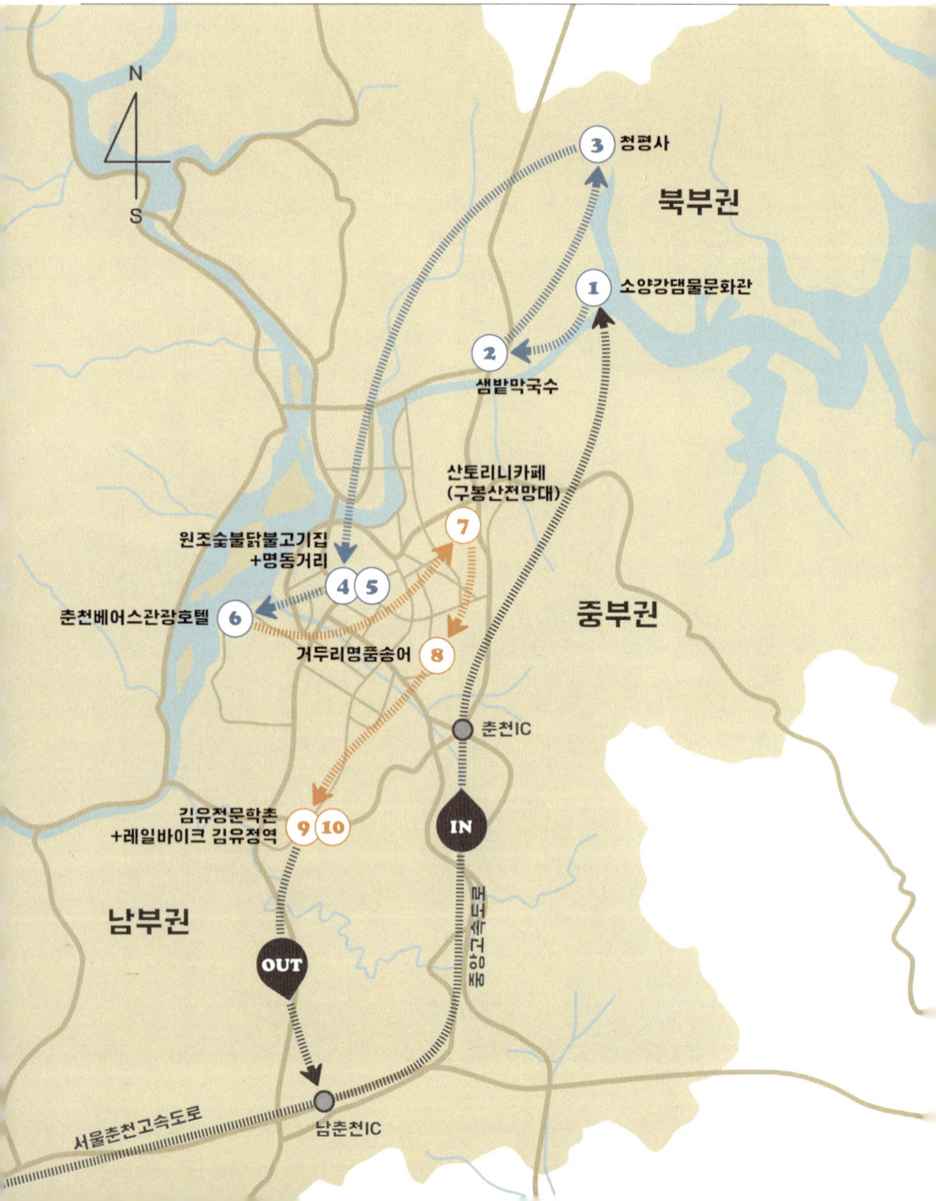

총거리 248.4km

총비용 229,900원

1일	거리(km)	산정 기준		비용(원, 2인 기준)
출발 ▶ 1	92.8	통행료	춘천IC	8,800
1	0.0		소양강댐물문화관	
1 ▶ 2	4.6	막국수	샘밭막국수	12,000
2 ▶ 3	19.8	입장료+주차료	청평사	6,000
3 ▶ 4	28.6	뼈없는 닭갈비	원조숯불닭불고기집	20,000
4 ▶ 5	0.4	주차료(1시간)	명동거리	1,500
5 ▶ 6	3.7	스탠더드(산 전망)	춘천베어스관광호텔	113,300
지점 합계	57.1			
합계	149.9			161,600

2일	거리(km)	산정 기준		비용(원, 2인 기준)
6 ▶ 7	10.2	아메리카노	산토리니카페(구봉산전망대)	10,000
7 ▶ 8	5.2	송어회+매운탕	거두리명품송어	25,000
8 ▶ 9	8.7		김유정문학촌	
9 ▶ 10	1.2	레일바이크	레일바이크 김유정역	25,000
지점 합계	25.3			
10 ▶ 도착	73.2	통행료	강일IC	8,300
합계	98.5			68,300

★ 숙박은 시즌에 따라 가격 변동, 유류비 미포함

북부권+중부권

거리	서울 – 춘천	92.8km
	경유 지점	57.1km
비용	통행+식대+관람+숙박	161,600원

<소양강 처녀>를 그토록 애달프게 불러보았지만, 정작 소양강을 직접 찾은 사람은 그리 많지 않습니다. 첫째 날, 우선 소양강댐에 들른 후 이번 춘천 여행의 핵심인 청평사로 향하겠습니다. 수도권 인근의 여러 산을 다녔다고 자부하는 분이라 하더라도 청평사의 오봉산을 빼놓는 경우가 많은데, 이번 기회에 꼭 한번 다녀오기를 바랍니다. 숙박은 춘천의 북부 지역에 마땅한 곳을 찾기 어려워 의암호가 있는 시내 지역으로 정했으니, 산행 후 겸사겸사 시내 명동거리를 함께 둘러보는 것도 좋겠습니다.

북부권
중부권

서울
서울-서울춘천고속도로 춘천IC
AM 08:30
100분
AM 10:10

1 소양강댐물문화관
70분
AM 11:20
10분
AM 11:30

2 샘밭막국수
70분
PM 12:40
30분
PM 01:10

3 청평사
180분
PM 04:10
50분
PM 05:00

4 원조숯불닭불고기집
4단지닭갈비
80분
PM 06:20
10분(도보)
PM 06:30

5 명동거리
(겨울연가 촬영)
60분
PM 07:30
10분
PM 07:40

6 춘천베어스관광호텔
라데나리조트

CHUNCHON BEARS HOTEL

중부권+남부권

거리	경유 지점	25.3km
	춘천 - 서울	73.2km
비용	통행+식대+관람	68,300원

둘째 날은 시내에서 멀지 않은 구봉산으로 향하겠습니다. 산토리니카페에 앉아 춘천 시내를 한눈에 바라보노라면 일상이 안겨주었던 스트레스로부터 해방될 것입니다. 그리고 남부 지역에서 레일바이크를 타는 것으로 춘천 주말 여행을 마무리하겠습니다.

중부권
남부권

숙소 or 주변 조식
AM 10:00
30분
AM 10:30
7 산토리니카페
(구봉산전망대)
90분
PM 12:00
10분
PM 12:10
8 거두리명품송어
80분
PM 01:30
20분
PM 01:50
9 김유정문학촌
40분
PM 02:30
10분
PM 02:40
10 레일바이크 김유정역
100분
PM 04:20
80분
서울
서울춘천고속도로 남춘천IC-서울
PM 05:40

소양강댐
물문화관

1일차

주소 & 연락처

강원도 춘천시 북산면
신샘밭로 1128
033-259-7334

요금 & 시간

입장료 무료
주차료 무료
운영 시간 동절기 10:00~17:00
　　　　　　　하절기 10:00~18:00
휴관일 매주 월요일

청평사로 가는 길목에 위치한 소양강댐은 동양 최대 규모의 다목적댐이자, 국민 가요로 자리잡은 <소양강 처녀>의 배경으로 널리 알려져 있습니다. 소양강댐에 방문하면 풍경만 감상할 것이 아니라 최근 문을 연 물문화관을 찾아 소양강댐의 역사와 역할 등을 공부하는 것도 좋겠습니다. 소양강댐물문화관을 나와 댐으로 발길을 옮겨 잘 조성된 산책로를 따라 걸으면 시원한 강바람이 볼을 스치고, 소양강댐에 오르면 어디에서도 보기 힘든 자연풍광이 우리를 기다립니다. 댐 위에서는 바람이 심하게 불 수 있으니 모자, 선글라스 등을 잘 챙겨야 합니다.

샘밭막국수

음식맛	★★★★
음식양	★★★★
입지	★★★
시설	★★★
청결	★★★
친절	★★★★

주소 & 연락처

강원도 춘천시 신북읍
신샘밭로 644
033-242-1712

메뉴 & 시간

막국수 6,000원, 편육 12,000원, 감자전 5,000원, 녹두전 5,000원,
순두부 4,000원

예산 2인 기준 12,000~24,000원

영업 시간 10:00~21:00

막국수는 닭갈비와 더불어 춘천의 대표 음식입니다. 물론 봉평을 비롯하여 수많은 유명 막국수 중심지가 있지만, 막국수의 본고장은 춘천입니다. 하지만 막상 춘천을 찾은 여행자들의 고민을 명쾌히 해결해주는 막국숫집 정보는 많지 않은 게 사실입니다. 춘천 시내의 닭갈비 골목처럼 막국숫집들이 모여 있으면 좋겠지만, 막국숫집들은 그렇지 않아서 여행 전에 미리 알아보고 정해놓는 게 좋습니다.

샘밭막국수는 춘천 막국수의 전통을 이어 오고 있는 막국수 전문점으로, 면의 식감이 뛰어나고 칼칼하면서도 과하지 않은 국물 맛으로 많은 분들의 사랑을 받고 있습니다. 아무리 많은 손님들이 찾아와도 친절함을 잊지 않는 직원들의 서비스 정신과 넓은 주차장, 깨끗한 실내 역시 이곳의 자랑입니다.

청평사

주소 & 연락처
강원도 춘천시 북산면
오봉산길 810
033-244-1095
cheongpyeongsa.co.kr

요금 & 시간
입장료 어른 2,000원,
청소년 1,200원, 어린이 800원
주차료 2,000원

문화재 정보
강원도 기념물 제55호
수량/면적 일원(43,098㎡)
지정일 1984년 12월 28일
춘천 청평사 보물 제164호
청평사 3층석탑(공주탑)
강원도문화재자료 제8호

고려시대의 역사가 고스란히 담겨 있는 청평사는 춘천은 물론 전국적으로도 문화적 가치가 높은 곳은 곳입니다. 또한 뛰어난 절경을 자랑하는 고찰이기도 합니다. 청평사로 가는 길이 조금 힘든 편이지만, 올라가는 길 곳곳에서 마주하는 풍경을 보노라면 자신도 모르게 한 발 한 발 오르게 될 것입니다. 특히 당나라 태종의 딸 평양공주가 목욕했다는 공주굴을 비롯해 구송폭포, 영지 등은 청평사를 찾은 여행자의 발길을 멈추게 만듭니다. 여름날 이곳을 찾는다면 구송폭포의 시원한 폭포수에 발을 담가보는 것도 좋습니다.

청평사 여행에서 빼놓을 수 없는 것은 조선 초기 모습을 그대로 간직한 가람과 보물 제164호 회전문입니다. 전(前) 국보 제115호 청평사 극락전은 한국전쟁으로 소멸되었지만, 다행히 회전문이 보존되어 있어 그 흔적을 간추릴 수 있습니다. 회전문은 조선 초기 익공형식의 공포, 대들보에 종도리를 받치고 있는 파련대공의 가치가 특히 높은 것으로 알려져 있습니다. 파련대공이란 대공 가운데서도 초기에 해당하는 형식으로 화려한 파련을 대공에 조각한 것을 의미하니, 이곳을 방문할 때 유심히 살펴보기 바랍니다.

청평사는 조선 초기 산중가람의 표본을 잘 보여주는 곳으로, 경사지를 이용한 유기적인 배치와 법회를 열 수 있도록 개조한 법당 등 실용성을 가미한 구조 기법이 돋보이는 사찰입니다. 조선시대 7대왕 세조가 후원한 사찰 가운데 아직까지 남아 있는 몇 안 되는 사찰로, 계단식 축대의 초기 형태와 긴 행랑 등 문화적으로 우수한 문화재입니다.

음식 맛 ★★★★☆
음식 양 ★★★★
입지 ★★★
시설 ★★★
청결 ★★★
친절 ★★★★

원조숯불
닭불고기집

주소 & 연락처

강원도 춘천시 낙원길 28-4
033-257-5326
010-2480-5762

메뉴 & 시간

뼈없는닭갈비 10,000원, 뼈있는닭갈비 9,000원,
오돌뼈닭갈비 10,000원, 닭발 10,000원, 닭내장 9,000원,
된장찌개 2,000원
예산 2인 기준 20,000~22,000원
영업 시간 11:30~21:00

일반적으로 닭갈비 하면 원형의 큰 불판 위에 양념된 닭갈비와 채소를 함께 익혀 먹는 것을 생각하게 됩니다. 하지만 원조숯불닭불고기집의 닭갈비는 '닭불고기'라는 이름에서 알 수 있듯 숯불 위에 망으로 된 불판을 올리고 직화로 구워먹는 닭갈비입니다. 춘천 닭갈비집 가운데 가장 '핫한 곳으로 떠올라 언제나 사람들로 북적거립니다.

　이곳을 찾아오면 숯불로 구운 닭갈비 냄새가 가장 먼저 방문객의 후각을 자극합니다. 이곳의 닭갈비는 여타 닭갈비에 비교해 확실히 구별되는 특별한 맛을 자랑합니다. 우선 싸구려 숯불이 아닌 제대로 된 숯불을 사용하기 때문에 인체에 해가 없으며 육질 또한 살아 있습니다. 양념과 향이 잘 어우러진 고기는 한 점 베어 물면 입에서 살살 녹을 정도입니다. 명동 닭갈비 골목에서 300미터 남짓 떨어져 있기 때문에 도보로 10분만 걸으면 됩니다.

4단지닭갈비

주소 & 연락처

강원도 춘천시 후만로 81

033-251-0363

메뉴 & 시간

닭갈비 10,000원, 닭내장 10,000원, 공깃밥 2,000원,

떡볶이 1,000원, 사리 2,000원

예산 2인 기준 20,000~24,000원

영업 시간 10:00~22:00

춘천 닭갈비 하면 많은 분들이 시내 명동의 닭갈비 골목을 떠올립니다. 하지만 최근 춘천닭갈비의 흐름은 지금 소개하는 4단지닭갈비가 있는 후평동으로 이동하고 있습니다. 유명 닭갈비집이 하나둘 들어서고 있는 후평동은 이제 춘천 시민은 물론 관광객들까지 모여드는 춘천 닭갈비의 새로운 메카로 떠올랐습니다.

그렇다면 후평동의 줄지어선 닭갈비집 가운데 어디를 찾아 들어가야 할까요? 정답은 바로 4단지닭갈비에 있습니다. 깔끔하고 넉넉한 실내와 푸짐한 닭갈비에 대해 구구절절 설명하는 것보다 직접 방문해보라고 권하는 게 최선일 것 같습니다. 4단지닭갈비의 특징은 재료의 신선함과 약간 새콤한 양념에 있습니다. 유명 닭갈비집의 양념이 조금은 천편일률적이고 다소 느끼한 데 비해 이곳의 양념은 신선하고 새콤한 맛을 자랑합니다.

명동거리

주소 & 연락처
강원도 춘천시 명동길
(춘천시청) 033-253-3700

요금 & 시간
지하 주차장 요금 최초 30분 600원, 초과 10분당 300원
지하 주차장 이용 시간 07:00~23:00

'호반의 도시'로 알려진 춘천은 차분하고 호젓한 분위기로 알려져 있습니다. 하지만 명동거리에서는 완전히 다른 춘천을 느낄 수 있습니다. 드라마 <겨울연가>의 배경으로 등장하기도 했던 춘천의 명동거리는 차가 다니지 않는 보행자 도로로 편하게 다닐 수 있고, 닭갈비 골목을 비롯하여 재미난 볼거리도 풍성합니다.

어느 도시든 시내로 접근할 때 가장 걱정되는 것은 바로 주차입니다. 하지만 춘천의 명동은 서울 시내의 공용 주차장보다 넓은 중앙로 지하 주차장이 있어 걱정할 필요가 없습니다. 주차장에서 올라오면 곧바로 시내가 나오니 더욱 편리합니다.

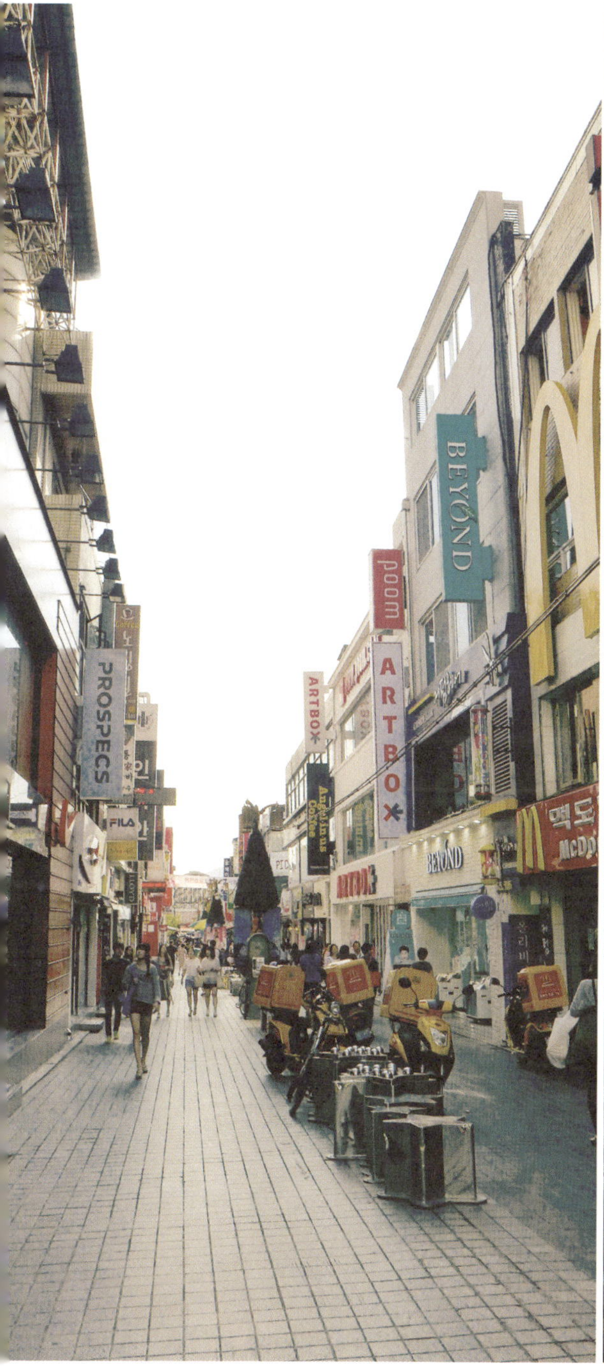

겨울연가 촬영지
"冬のソナタ" 撮影地
"冬季恋歌" 拍摄场地
春川市
www.chuncheon.go.kr

冬のソナタ
WINTER SO

명동
닭갈비 골목
CHUNCHEON
MYEONGDONG
DAKGALBI
STREET
BAR
JACKSON BILL
HOF·COFFEE·DRINK

춘천베어스
관광호텔

주소 & 연락처

강원도 춘천시
스포츠타운길 376
033-256-2525
www.hotelbears.com

요금 & 시간

스탠더드(의암호 전망) 135,000원
스탠더드(산 전망) 113,300원
입실 시간 15:00 / **퇴실 시간** 12:00

춘천베어스관광호텔은 외관만 보면 별다른 매력을 느끼기 어렵습니다. 라데나리조트나 세종호텔에 비해 조금 홀대받는 것도 사실입니다. 하지만 호텔의 다른 부분을 살펴보면 외관에서 느낄 수 없는 좋은 점을 쉽게 찾을 수 있습니다.

먼저 최근 리모델링을 통해 한 단계 업그레이드된 객실이 깔끔한 인테리어와 잘 정돈된 느낌으로 여행자들을 쾌적하게 맞이해줍니다. 운치 있는 북한강이 창문을 통해 한눈에 들어오는 위치는 단연 이곳의 자랑거리입니다. 비록 모든 부분에서 만족할 수 없겠지만, 가격 대비 객실 수준, 서비스, 시즌 중에 방을 구할 수 있는 확률 등을 기준으로 할 때 춘천 여행의 숙박지로 이곳 춘천베어스관광호텔을 추천합니다.

라데나리조트

주소 & 연락처

강원도 춘천시 신동면
칠전동길 72
033-240-8000
www.ladenaresort.com

요금 & 시간

패밀리 주중 110,000원, 주말 150,000원
추가 인원 10,000원
입실 시간 14:00 / **퇴실 시간** 12:00

춘천에서 남이섬 이외의 지역으로 여행할 때 가장 고민되는 부분은 역시 숙박입니다. 호기 좋게 춘천의 숙박업소를 여기저기에서 검색해보아도, 시내 인근의 적당한 펜션을 찾기 힘들고, 마땅한 호텔조차 찾기 어려울 것입니다. 결국 춘천 시내 인근의 숙박지는 시내에 위치한 세종호텔, 북한강 주변에 입지한 라데나리조트, 춘천베어스관광호텔, 세 곳을 들 수 있습니다.

세종호텔은 나쁘다고 할 수 없지만, 춘천 시내에서의 비즈니스 업무가 아니면 조금 부족하고, 춘천베어스관광호텔은 객실 수준은 세 곳 가운데 가장 뛰어나지만 입지와 부대시설이 부족한 편입니다. 여러 가지 면에서 적절한 품질과 가격 대비 자신 있게 추천할 수 있는 숙박지는 역시 라데나리조트입니다. 객실 수준은 높은 편은 아니지만, 수영장이 있고, 어느 객실에서나 북한강의 풍경을 즐길 수 있습니다.

산토리니카페
(구봉산전망대)

주소 & 연락처

강원도 춘천시 동면
순환대로 1154-97
033-242-3010

메뉴 & 시간

아메리카노 5,000원, 카페라떼 5,500원, 카페모카 6,000원,
고구마라떼 5,000원, 카푸치노 5,500원, 밤라떼 5,000원,
카라멜마끼아또 6,000원
예산 2인 기준 10,000~12,000원
영업 시간 10:00~23:00

최근 커피는 우리 일상의 큰 부분을 차지할 정도로 중요한 요소가 되었습니다. 유명 관광지에서도 카페들이 모여 있는 지역이 생길 정도로 여행과 커피는 떼려야 뗄 수 없게 되었습니다. 강릉의 안목항, 부산의 기장, 춘천의 구봉산 등 유명한 카페 메카들은 자신들만의 이야기와 특징을 갖고 있습니다.

구봉산에는 전망 좋은 카페들이 모여 있지만 산토리니카페는 그중에서도 가장 좋은 곳에 자리를 잡고 있습니다. 처음 주차를 하고 실내에 들어갈 때만 해도 이곳이 왜 유명한지 알 수 없지만, 뒤뜰로 나가 확 트인 주변 풍경을 감상하며 커피를 마시다 보면 이곳의 유명세를 몸으로 느낄 수 있을 것입니다. 한 번 찾아오면 절대로 잊지 못한다는 산토리니카페에서 춘천 여행의 정점을 찍는 건 어떨까요? 음료와 음식 또한 산토리니카페의 아름다운 풍경에 절대 뒤지지 않습니다.

거두리 명품송어

음식 맛	★★★★
음식 양	★★★★
입지	★★☆
시설	★★★
청결	★★★
친절	★★★

주소 & 연락처

강원도 춘천시 동내면
춘천순환로 135
033-264-9290

메뉴 & 시간

송어회(소) 22,000원, (중) 33,000원, (대) 44,000원,
향어회(소) 20,000원, (중) 30,000원, (대) 40,000원,
튀김 15,000원, 초밥(10개) 7,000원, 매운탕 3,000원,
회덮밥(점심 특선) 7,000원
예산 2인 기준 27,000~40,000원
영업 시간 12:00~22:30

춘천의 먹거리로는 당연히 닭갈비와 막국수가 떠오릅니다. 하지만 강이 굽이치는 도시 춘천에는 송어라는 대표 음식이 있습니다. 거두리는 현재 신도시로 탈바꿈하여 예전의 모습이 사라졌지만, 여전히 많은 맛집들이 모여 있고, 그중에서도 거두리명품송어는 춘천 송어의 진면목을 맛볼 수 있는 곳입니다.

송어는 가격도 비싸지 않고, 영양에서는 연어보다 좋은 음식으로 알려져 있습니다. 그럼 송어를 맛있게 먹는 법을 소개하겠습니다. 우선 송어회를 먹고, 기본으로 제공되는 채소에 버무려 회무침으로 드시기를 바랍니다. 송어는 회무침이 일품입니다. 춘천 남부 여행의 또다른 즐거움, 바로 송어회입니다.

김유정문학촌

주소 & 연락처

강원도 춘천시 신동면
실레길 25
033-261-4650
www.kimyoujeong.org

요금 & 시간

운영 시간 하절기 09:00~18:00
동절기 09:30~17:00
휴관일 매주 월요일, 명절 당일, 1월 1일

춘천은 소설『봄봄』과『동백꽃』의 작가 김유정의 고장입니다. 춘천 시내에서 10여 분만 남쪽으로 이동하면 김유정문학촌을 마주할 수 있는데, 이곳에는 김유정의 생가를 비롯하여 기념관이 잘 조성되어 있습니다. 유명 작가의 문학촌을 방문해보면 관리 상태나 시설 등에서 부실한 곳이 종종 있지만, 이곳 김유정문학촌은 시설 관리도 잘 되어 있고, 외부 조경 역시 아름답게 조성되어 김유정의 소설을 떠올리며 힐링의 시간을 보내기에 좋습니다. 기념관에는 김유정 소설의 원본과 생애를 엿볼 수 있는 영상자료도 준비되어 있습니다. 다음 방문지인 레일바이크 김유정역과는 1킬로미터 근방에 위치해 있습니다.

레일바이크
김유정역

주소 & 연락처

강원도 춘천시 신동면
김유정로 1383
033-245-1000~2
www.railpark.co.kr

요금 & 시간

이용료 25,000원(2인승), 35,000원(4인승)
운행 안내 3~11월 09:00~17:00, 12~2월 10:30~16:30
모두 2시간 간격 운행 / 매시 정시 선착순 출발, 셔틀버스 무료
발권 안내 사전 예약(인터넷 / 전화)

최근 전국적으로 레일바이크를 운영하는 곳들이 우후죽순으로 늘어나고 있습니다. 최초로 레일바이크가 생긴 문경을 비롯하여 바닷가를 볼 수 있는 삼척 등의 레일바이크 시설들이 여행자의 호기심을 만족시켜주고 있습니다. 하지만 안전 및 볼거리에서 수준 이하인 곳들도 심심치 않게 볼 수 있습니다. 그런 점에서 레일바이크 김유정역은 바이크 및 부대시설이 전국에서 가장 잘 되어 있기로 유명합니다.

김유정문학촌을 거쳐 레일바이크 김유정역으로 가면 가장 먼저 책을 모티프로 꾸며진 역이 시선을 사로잡습니다. 레일바이크역 광장에는 분수를 비롯하여 카페 등 편의시설이 잘 갖춰져 있어 레일바이크를 타지 않는 사람들도 머무르기 좋은 장소입니다. 레일바이크를 탈 분들은 반드시 예약해야 합니다. 오전 9시를 기점으로 2시간 간격으로 운행하고, 다음 역에서 셔틀버스를 타고 돌아와야 한다는 점도 잊어서는 안 됩니다.

평창은 때묻지 않은 청정의 자연을 고이 간직한 지역입니다. 그 아름다움이 전국에서도 손에 꼽힐 만합니다. 당연히 이번 여정은 이러한 평창이 가진 장점을 최대한 잘 살릴 수 있게 했고, 더불어 2018 평창동계올림픽의 현장과 천년 역사의 문화재까지 모두 만나볼 수 있도록 하였습니다.

평창의 깊은 지역까지 가보는 데에 1박 2일이라는 일정은 다소 짧기 때문에 영동고속도로를 중심으로 멀지 않은 거리에 위치한 봉평, 진부, 횡계 이렇게 세 곳을 중심으로 일정을 구성하였습니다.

먼저 평창의 첫 관문인 봉평에서 일정을 시작하고, 알펜시아리조트가 있는 횡계에서 숙박을 하겠습니다. 다음날 오전에는 리조트에서 다양한 레저 활동을 하도록 했습니다. 시간에 여유가 있는 분들은 계절에 상관없이 물놀이를 할 수 있는 워터파크에서 물놀이를 즐기신 후에 진부로 넘어가 평창의 문화를 경험하셔도 좋을 듯합니다.

지금까지 여러분은 '평창' 하면 단순히 대관령의 이미지를 떠올리셨을지 모릅니다. 하지만 이번 여행을 계기로 전국에서도 가장 맑은 청정의 자연을 간직한 곳, 평창을 마음속에 담아가시길 바랍니다.

평창　　　봉평에서 대관령까지

寂光殿

Journey
MAP

1일 1 ▶ 6 서부권+동부권
2일 7 ▶ 9 동부권+북부권

N
S
북부권
월정사 9
대관령
양떼목장
4
대관령송어횟집
5
8
허브나라
농원
3
서부권
진부IC
인터컨티넨탈호텔
(알펜시아리조트)
+알파인코스터
6
7
진태원
고향막국수+
이효석문학관
1 2
동부권
장평IC
OUT
IN
영동고속도로

총거리 428.2km

총비용 353,530원

1일	거리(km)	산정 기준		비용(원, 2인 기준)
출발 ▶ 1	155.4	통행료	장평IC	7,800
1	0.0	물막국수	고향막국수	12,000
1 ▶ 2	0.3	입장료	이효석문학관	4,000
2 ▶ 3	6.2	입장료	허브나라농원	14,000
3 ▶ 4	48.6	입장료	대관령양떼목장	8,000
4 ▶ 5	6.1	송어회(2인)	대관령송어횟집	40,000
5 ▶ 6	8.2	스탠더드+2인조식	인터컨티넨탈호텔	197,230
지점 합계	69.4			
합계	**224.8**			**283,030**

2일	거리(km)	산정 기준		비용(원, 2인 기준)
6 ▶ 7	0.3	알파인코스터 이용료	알파인코스터	26,000
7 ▶ 8	7.0	탕수육+간짜장	진태원	25,000
8 ▶ 9	19.0	입장료+주차료	월정사	11,000
지점 합계	26.3			
9 ▶ 도착	177.1	통행료	서울톨게이트	8,500
합계	**203.4**			**70,500**

★ 숙박은 시즌에 따라 가격 변동, 유류비 미포함

서부권+동부권

거리	서울 - 평창	155.4km
	경유 지점	69.4km
비용	통행+식대+관람+숙박	283,030원

첫날은 평창에서도 가장 알려져 있는 지역인 봉평과 횡계에서 일정을 소화하겠습니다. 봉평은 아기자기한 감성을 담고 있는 고장이고, 횡계는 많은 분들이 기존에 평창에 대해 가지고 있는 이미지를 잘 보여주는 지역입니다. 첫날 숙박을 하게 될 알펜시아리조트는 2018년 동계올림픽이 열리게 될 곳이며, 단언컨대 전국에서 가장 잘 조성된 리조트라고 할 수 있습니다. 짧은 일정이지만 평창에서 다양한 자연의 모습은 물론 미래 올림픽의 현장까지 만나 볼 수 있습니다.

서울
서울-영동고속도로 장평IC
AM 08:30
150분
AM 11:00
서부권
1
고향막국수
현대막국수
60분
PM 12:00
10분
PM 12:10
2
이효석문학관
60분
PM 01:10
20분
PM 01:30
3
허브나라농원
90분
PM 03:00
동부권
60분
PM 04:00
4
대관령양떼목장
120분
PM 06:00
10분
PM 06:10
5
대관령송어횟집
대관령한우타운
90분
PM 07:40
20분
PM 08:00
6
인터컨티넨탈호텔
홀리데이인

동부권＋북부권

거리	경유 지점	26.3km
	평창–서울	177.1km
비용	통행＋식대＋관람	70,500원

알펜시아리조트는 다양한 레저 시설, 대규모의 워터파크, 탁월한 단지 구성을 갖춘 최고의 리조트라 할 수 있습니다. 첫날 저녁에 도착하여 알펜시아리조트를 모두 알기에는 시간이 다소 부족하셨을 것이니, 둘째 날 오전에 리조트 내에서 시간을 보내겠습니다. 가족 여행객들은 알파인코스터 대신 오션700에서 물놀이를 즐겨도 좋을 듯합니다.

오후에는 횡계 시내에서 식사를 한 후 진부로 넘어가 월정사를 방문하겠습니다. 진부에는 고려시대 최고의 문화재인 8각9층 석탑 및 석가모니의 진신사리를 간직하고 있는 월정사를 비롯하여 상원사, 오대산사고까지 희귀한 문화재가 많습니다. 1박 2일 여정에서는 돌아가는 일정을 고려해서 월정사만을 추천하였으나 조금 더 욕심을 낸다면 월정사 적멸보궁, 상원사까지 보고 돌아간다면 최고의 평창 여행이 될 것입니다.

동부권
북부권

숙소 or 주변 조식 | AM 10:00
10분(도보)
AM 10:10
7 알파인코스터 +오션700 | 90분
AM 11:40
20분
PM 12:00
8 진태원 동대산식당 | 80분
PM 01:20
30분
PM 01:50
9 월정사 | 120분
PM 03:50
100분
서울 영동고속도로 진부IC-서울
PM 06:50

고향막국수

주소 & 연락처
강원도 평창군 봉평면
이효석길 142
033-336-1211

메뉴 & 시간
막국수(물, 비빔) 6,000원, 순메밀국수(물, 비빔) 8,000원,
순메밀정식 15,000원, 메밀묵 5,000원, 수육(소) 17,000원,
(중) 20,000원, 메밀전 3,000원, 메밀전병 3,000원
예산 2인 기준 12,000~29,000원
영업 시간 09:00~21:00

이효석의 소설 『메밀꽃 필 무렵』의 배경인 봉평. 그곳은 예나 지금이나 메밀밭이 아름답게 펼쳐져 있는 것으로 유명합니다. '소금을 뿌린 듯이 흐뭇한 달빛에 숨이 막힐 듯 아름답다'는 이효석의 표현은 봉평과 봉평의 메밀밭을 가장 잘 나타낸 표현이 아닐까 생각됩니다. 이렇게 메밀이 사랑받는 곳이니, 봉평의 음식 막국수가 사람들에게 사랑받게 된 것도 자연스러운 일이 아닐까 싶습니다.

물론 막국수는 여러 지역에서 맛볼 수 있는 음식입니다. '막국수 맛이야 어딜 가든 큰 차이가 없는 거 아닌가?' 하고 생각할 수도 있겠습니다. 하지만 이곳 고향막국수의 막국수 맛을 보시면 분명 다른 곳과는 '다르다'는 느낌을 받게 될 것입니다. 일단 육수는 고기육수가 아닌 동치미를 사용합니다. 또 재료를 단순화하여 메밀의 향을 그대로 살리고, 면에는 메밀의 함유량이 높아 식감이 독특합니다. 유난히 깔끔한 국물과 깊이 있는 메밀의 향은 봉평에서의 첫걸음을 기분좋게 만들어줄 것입니다.

현대막국수

주소 & 연락처

강원도 평창군 봉평면
동이장터길 17
033-335-0314

메뉴 & 시간

메밀물막국수 6,000원, 메밀사리 3,000원, 메밀비빔막국수 7,000원,
메밀전병 6,000원, 메밀묵무침 6,000원, 메밀묵사발 6,000원,
수육 20,000원
예산 2인 기준 12,000~32,000원
영업 시간 09:00~21:00

현대막국수는 봉평에서 가장 오랜 역사를 간직하고 있는 곳으로 봉평막국수의 원조라 부를 수 있는 막국숫집입니다. 양과 맛 모두 다른 곳과는 확연한 차이가 있습니다. 오랜 역사만큼 깊은 육수의 맛과 국수의 향은 멀리에서 이곳을 찾아온 분들을 실망시키지 않을 것입니다.

봉평에서 가장 유명한 막국숫집이지만 두번째 추천인 [추천 2]로 소개한 이유는 위치 때문입니다. 주차 공간과 실내 좌석 수가 많지 않아 주말이면 가게 주변까지 북적거립니다. 하지만 오직 맛으로만 막국수를 평가하고 싶다면 불편함을 감수하고 현대막국수를 찾아가길 바랍니다. 봉평이 가진 아름다운 환경만큼 깊이 있는 메밀막국수를 맛볼 수 있을 것입니다.

이효석문학관

주소 & 연락처

강원도 평창군 봉평면 창동리
효석문학길 73-25
033-330-2700
www.hyoseok.org

요금 & 시간

입장료 어른 2,000원, 청소년 1,500원, 어린이 1,000원
운영 시간 10~4월 09:00~17:30 / 5~9월 09:00~18:30
휴관일 매주 월요일, 설날, 추석, 1월 1일

봉평이 가지고 있는 문화적인 바탕을 가슴으로 가깝게 느껴볼 수 있는 곳, 이효석문학관입니다. 문학관 입구에서 나지막한 언덕을 오르면 오른편으로 이효석의『메밀꽃 필 무렵』의 배경인 메밀밭이 황금의 물결처럼 펼쳐집니다. 문학관 광장에 다다르면 중정을 중심으로 좌우로 자연과 문학관이 한데 어우러지는 모습을 볼 수 있습니다. 자연과 문학관, 여행자 모두가 하나되는 느낌을 만끽할 수 있을 것입니다.

이효석문학관은 그의 소설을 잘 모르는 사람이라도 이효석이 소설 속에 담아낸 봉평의 감성과 분위기를 느낄 수 있도록 잘 조성된 우수한 문학관입니다. 문학관 내부의 구성과 외부의 아름다움이 적절했던 이효석문학관의 감동이 기억 속에 깊이 남았습니다.

허브나라농원

주소 & 연락처
강원도 평창군 봉평면
흥정계곡길 291-42
033-335-2902
www.herbnara.com

요금 & 시간
입장료 11~4월 어른 5,000원, 어린이, 경로우대 3,000원
　　　　5~10월 어른 7,000원, 어린이, 경로우대 4,000원
운영 시간 11~4월 09:00~18:00
　　　　　5~10월 08:30~18:30

날씨 좋은 날이면 전국에 있는 수많은 수목원들이 아침부터 인산인해를 이루곤 합니다. 그나마 수목원 내에 볼거리라도 많으면 다행이겠지만, 사실 볼거리가 많지 않으면서도 입장료만 비싼 곳이 한두 군데가 아닙니다. 개인적으로도 웬만큼 유명한 수목원들을 많이 찾아가보았지만, 사실 어느 장소보다 실망할 가능성이 높은 장소가 바로 수목원입니다. 여행 일정에 수목원을 넣는 게 어떻냐는 질문을 주변에서도 많이 하는데, 좋은 답변을 하기가 쉽지 않습니다.

수도권 인근에서는 춘천에 위치한 '제이드가든'이 가장 좋았고, 수도권 외의 지역에서는 바로 이곳 '허브나라농원'이 가장 인상 깊었습니다. 이곳을 높게 평가하는 이유는 공간 구성의 다양성 때문입니다. 실내외를 넘나드는 아름다운 식물들, 박물관 그리고 유럽의 작은 마을을 연상시키는 아기자기한 골목들까지…… 모든 장소가 정말 잘 구성되어 있어서 시간 가는 줄 몰랐던 곳입니다. 특히 연인이나 아이들과 함께 시간을 보내기에 더욱 좋을 공간입니다.

대관령양떼목장

주소 & 연락처

강원도 평창군 대관령면
대관령마루길 483-32
033-335-1966
www.yangtte.co.kr

요금 & 시간

입장료+건초 가격 어른 4,000원, 청소년 3,500원, 경로 2,000원,
장애인 2,000원(건초 구입시 입장 가능)
운영 시간 09:00~16:30

평창 하면 빼놓을 수 없는 곳이 바로 양떼목장입니다. 지금까지 양떼목장을 방문하셨던 많은 사람들의 찬사와 입소문을 타고, 요즘 양떼목장은 평창은 물론 전국 최고의 인기 방문지로 자리잡았습니다. 대관령양떼목장이 이름을 알릴 수 있었던 중요한 요인은 청정의 자연을 가까이에서 보고 느낄 수 있다는 점, 양들과 함께하는 체험을 할 수 있다는 점 때문일 것입니다.

가슴속에 그려보았던 모습이 양떼목장 입구에서부터 바로 펼쳐지는 것은 아닙니다. 하지만 실망하기엔 이릅니다. 조금만 시간을 갖고 천천히 둘러보면 기대하는 바를 모두 얻고 돌아갈 수 있습니다. 하얀 양떼와 파란 초원 말입니다. 양들과 함께하는 체험은 언덕을 조금 올라 목장으로 들어서면 '먹이주기 체험장'에서 지치도록 할 수 있고, 체험장을 지나 목장 정상에 오르면 그토록 기대했던 대관령의 광활한 대지가 여러분을 기다리고 있을 것입니다.

대관령
송어횟집

주소 & 연락처

강원도 평창군 대관령면
꽃밭양지길 51-6
033-335-9292

메뉴 & 시간

송어회(2인) 40,000원, 송어구이 30,000원, 송어튀김 20,000원,
공깃밥 1,000원
예산 2인 기준 40,000원
영업 시간 11:00~20:00

계곡으로 유명한 지역을 가보면 어디든 '송어횟집'이란 이름의 횟집이 있습니다. 흔하다는 느낌 때문에 송어횟집의 질이 거의 비슷비슷할 거라 생각할 수 있습니다. 그러나 이곳 대관령송어횟집만큼은 이름에서 기대하는 것 이상, 아니 전국 최고의 송어횟집입니다. 송어회의 핵심은 회가 입안에서 얼마나 살살 녹느냐에 달려 있습니다. 송어의 특성상 조금만 상태가 좋지 않아도 바로 그 느낌으로 알 수 있기 때문입니다. 그런데 이곳의 송어회는 입안에서 살살 녹을 만큼 부드럽고 맛이 좋습니다.

이곳 대관령송어횟집은 최상품의 송어만 사용하기에 조금만 먹어보아도 탁월한 맛을 느낄 수 있을 것입니다. 회를 오이나 당근과 함께 먹어도 좋고, 회는 조금은 남겨두었다가 야채와 함께 비벼 회무침으로 먹는 것도 추천합니다. 또다른 송어회의 맛을 느껴볼 수 있을 것입니다.

대관령
한우타운

주소 & 연락처

강원도 평창군 대관령면
올림픽로 38
033-332-0001
www.hanwootown.co.kr

메뉴 & 시간

등심(1++,100g) 11,000원, 안심(1++,100g) 11,000원,
차돌박이(1++,100g) 9,900원, 치마살(1++,100g) 9,900원,
살치살(1++,100g) 14,300원, 기본상차림(1인) 4,000원,
냉면(물, 비빔) 5,000원, 된장찌개 2,000원
예산 2인 기준 47,600~51,600원
영업 시간 09:00~22:00

대관령에 왔으니 분명 한우 고기가 생각이 날 것입니다. 그래서 추천식당으로 준비한 곳이 바로 대관령한우타운입니다. 대관령에서 무턱대고 한우 고깃집에 들어가면 생각보다 비싼 가격에 놀랄 수 있습니다. 이곳 한우타운은 식당 옆 농협직판장에서 고기를 직접 구매하기 때문에 값이 좀더 저렴합니다. 고기를 사고 바로 옆에 위치한 식당에서 상차림만 주문하면 됩니다. 고기 직판 방식은 알뜰살뜰한 최근 여행객들이 선호하는 방식으로 다른 지역에서도 여러 번 추천한 적이 있는 방식입니다. 약간 번거롭지만 직접 고기를 고르는 재미도 있고 다양하게 골라 먹을 수 있다는 장점도 있습니다.

한우 직판장과 함께 있는 상차림 식당이라고 해서 절대 실내 분위기나 시설이 다른 식당에 뒤처지지 않습니다. 실내 환경은 상당히 쾌적하며 상차림도 좋습니다. 평창의 첫날 저녁식사는 기름기 쫙 뺀 가격의 한우 고기를 배부르게 즐기기를 바라봅니다.

인터컨티넨탈호텔
(알펜시아리조트)

주소 & 연락처

강원도 평창군 대관령면
솔봉로 325
033-339-0000
www.alpensiaresort.co.kr/
HousHotelIntro.gdc

요금 & 시간

스탠더드(+2인 조식) 주중 197,230원, 주말 219,010원
스탠더드+워터파크(+2인 조식) 주중 227,480원, 주말 249,260원
추가 인원 38,500원
입실 시간 15:00 / **퇴실 시간** 12:00

인터컨티넨탈호텔은 최고의 시설을 갖춘 호텔입니다. 알펜시아리조트의 최대 장점은 아름다운 주변 환경과 대규모 단지가 조화를 잘 이루고 있다는 점입니다. 이런 장점들을 제대로 누릴 수 있는 가장 좋은 방법은 알펜시아 내의 인터컨티넨탈호텔을 예약하는 것입니다. 인터컨티넨탈호텔에서 묵는다면 외국의 어느 유명 휴양지에도 뒤처지지 않는 품격 있는 휴가를 즐기실 수 있습니다.

아름다운 호수가 호텔의 앞뒤를 둘러싸고 있으며 광장으로 나오면 다양한 레저 시설과 워터파크를 이용할 수 있습니다. 서울에서 2시간 정도의 거리에서 이만한 수준의 리조트를 찾는 것은 거의 불가능에 가깝습니다. 지루하지 않은 휴식이 필요하신 분들이라면 더이상 고민하지 마시고 인터컨티넨탈호텔 알펜시아로 1박 2일간의 휴가를 떠나보시기 바랍니다.

홀리데이인
(알펜시아리조트)

주소 & 연락처

강원도 평창군 대관령면
솔봉로 325
033-339-0000
www.alpensiaresort.co.kr/
HousResortIntro.gdc

요금 & 시간

홀리데이인리조트 슈페리어(+2인 조식 / 2+1인)
주중 175,450원, 주말 274,670원
홀리데이인스위트 베드룸 스위트(2+2인)
주중 214,170원, 주말 304,290원
추가 인원 16,500원
입실 시간 14:00(성수기 15:00) / **퇴실 시간** 12:00

알펜시아리조트에는 두 곳의 숙박시설이 있습니다. 앞서 소개한 '인터컨티넨탈호텔'과 '홀리데이인'입니다. 어느 곳의 시설이 더 뛰어나다고 할 수 없을 만큼 두 곳의 시설이 모두 뛰어납니다. 하지만 다양한 콘셉트의 콘도형 객실이 있는 홀리데이인이 가족 단위의 여행객에게 더욱 적합할 것이라 생각됩니다.

예약 때에는 산 전망보다는 오히려 광장 전망이 좋을 수 있다는 점과 '홀리데이인스위트'는 콘도이며 '홀리데이인리조트'는 호텔이라는 점을 참고하기 바랍니다. 서울에서 멀지 않은 거리에 있으면서 가족들이 여기저기 이동하지 않고 편히 쉴 수 있는, 다양한 즐길거리를 겸비한 리조트를 추천해 달라는 다소 무리한 요구를 들을 때면, 가장 먼저 추천하는 곳이 바로 이곳입니다. 가족 구성원 모두가 만족할 만한 최고의 리조트입니다.

알파인코스터

주소 & 연락처

강원도 평창군 대관령면
솔봉로 325
033-339-0000
www.alpensiaresort.co.kr

요금 & 시간

입장료 비수기 어른 13,000원, 어린이 11,000원, 성수기 어른
15,000원, 어린이 12,000원(투숙객, 도민, 회원 할인 적용)
이용 안내 3세(36개월) 이하 아동 탑승 금지, 4~9세 및 신장 130cm
이하 아동 보호자 동반 탑승, 총무게 130kg 이상 탑승 금지
운영 시간 주간 12:00~18:00(성수기 09:00~19:00)
야간 18:00~22:00

공기 좋은 알펜시아리조트에서 하룻밤을 보냈다면 분명 개운한 아침을 맞이했을 것입니다. 상쾌한 기분으로 오전 시간을 숙소에서 편하게 쉬어도 좋지만, 기왕이면 밖으로 나와 리조트 시설을 누려볼 것을 추천합니다.

알펜시아리조트에서 오전 시간을 즐기는 방법 [택 1]

1. 곤도라와 알파인코스터를 탄다.

2. 알펜시아리조트를 여기저기 둘러본다.

3. 스타게이트, 카트 경기장, 범퍼카, 치즈 만들기 체험을 한다.

4. 오션 700에서 물놀이를 한다.

부모님이나 연인과 함께라면 [1번] 또는 [2번]을 추천하고, 아이와 함께하는 분들이라면 [3번]을 추천합니다. 영동고속도로의 막히는 시간을 피해 늦게 올라가실 분들은 [4번]을 택하셔도 좋을 듯합니다.

STAR GATE

오션700

주소 & 연락처
강원도 평창군 대관령면
솔봉로 325
033-339-0000
www.alpensiaresort.co.kr

요금 & 시간
입장료 종일 어른 45,000원, 어린이 35,000원 / 오후 어른 40,000원,
어린이 30,000원 / 야간 어른 30,000원, 어린이 20,000원
사우나 어른 8,000원, 어린이 6,000원(투숙객, 도민, 회원 할인 적용)
운영 시간 종일 10:00~21:00 / 오후 14:00~21:00 /
야간 17:00~21:00

알펜시아리조트가 완벽한 리조트라는 사실을 완성하는 마지막 퍼즐은 바로 '오션 700'입니다. 오션 700은 대규모의 실내 놀이시설과 실외 온천시설을 갖춘 워터파크로 전국에서 손꼽히는 곳입니다. 오션 700의 파도풀과 유수풀 그리고 다양한 물놀이 시설은 지금까지의 강원도 워터파크와는 다른 공간을 찾던 분들에게 단비 같은 역할을 할 것입니다.

오션 700의 최대 장점은 아직까지 많이 알려지지 않아 여유롭게 이용할 수 있다는 점입니다. 강원도를 비롯한 수도권 대부분의 워터파크가 사시사철 인산인해를 이루는 데에 비하여 이곳은 여름철에도 붐비는 일이 거의 없습니다. 아이들과 여유 있게 물놀이 즐길 수 있는 가장 좋은 워터파크가 바로 이곳 오션 700일 것입니다.

진태원

주소 & 연락처

강원도 평창군 대관령면
횡계길 19
033-335-5567

메뉴 & 시간

짜장 4,500원, 짬뽕 5,000원, 간짜장 5,000원, 우동 5,000원,
탕수육(중) 20,000원, (대) 25,000원, 라조기(중) 25,000원,
(대)30,000원, 면류 곱빼기 500원 추가

예산 2인 기준 9,000원~30,000원
영업 시간 10:30~22:00

유명 관광지를 돌아다니다보면 짬뽕 잘하는 중식당 하나쯤 발견하는 것은 그리 어려운 일이 아닙니다. 하지만 전 메뉴에 대한 호평으로 유명세를 타는 중식당을 찾는 일은 쉬운 일이 아닙니다. 그런 면에서 이곳 진태원이 평창에서 가장 추천할 만한 맛집이라고 할 수 있겠습니다.

횡계 시내 중심에 자리잡고 있는 진태원은 좌석수가 적고 시설도 좋은 편이 아니지만, 맛에서만큼은 서울의 어느 대형 중식당에도 뒤지지 않습니다. 어떤 메뉴를 주문하더라도 만족할 만한 맛있는 음식이 나오지만, 특히 진태원을 이야기할 때엔 '부추탕수육'이 빠져서는 안 될 키워드입니다. 부추의 향이 탕수육의 느끼함을 확 잡아주고, 바삭바삭한 탕수육의 식감과 부추의 아삭함이 독특한 질감을 만들어냅니다. 식사시간에는 길게 줄을 서야 하니 시간대를 잘 맞추어 방문해보기를 바랍니다.

동대산식당

음식맛	★★★★
음식양	★★★★★
입지	★★★
시설	★★★
청결	★★★★☆
친절	★★★★★

주소 & 연락처

강원도 평창군 진부면
오대산로 178
033-332-6910

메뉴 & 시간

산채보통 12,000원, 산채비빔밥 8,000원, 황태구이 15,000원,
산더덕구이 15,000원, 산채정식 15,000원, 황태구이정식 20,000원,
황태국 10,000원, 도토리묵 10,000원

예산 2인 기준 16,000~30,000원
영업 시간 08:00~20:00

횡계를 넘어 곧장 월정사로 향하려는 분들이 있을 것 같아 추천하는 또다른 곳, 동대산식당입니다. 월정사는 전국 최고의 사찰이지만 부석사나 법주사처럼 절 앞에 식당들이 많이 있지는 않습니다. 월정사 앞에 위치한 몇 안 되는 식당들 중에서 유독 많은 사람들에게 사랑 받는 식당이 있으니 바로 동대산식당입니다.

동대산식당의 산채비빔밥은 평창 현지의 신선한 야채로 만들기 때문에 맛도 식감도 좋지만, 무엇보다 몸에 좋은 자연식이라 좋습니다. 월정사로 향하기 전에 간단히 식사를 하려는 분들은 동대산식당의 건강한 음식들을 맛보길 바랍니다.

월정사

주소 & 연락처
강원도 평창군 진부면
오대산로 374-8
033-339-6800
www.woljeongsa.org

요금
입장료 어른 3,000원, 청소년
1,500원, 어린이 500원
주차료 경차 2,000원,
중형차 5,000원

문화재 정보
월정사 8각9층 석탑
국보 제48호
지정일 1962년 12월 20일
시대 고려시대
종류/분류 석탑

오대산 월정사는 문화적인 가치가 뛰어난 절이기도 하고, 치유를 얻고 돌아가는 최적의 장소로 꼽혀 많은 사람들이 찾아가는 절입니다. 특히 월정사의 전나무 숲길은 전국에서도 손에 꼽는 아름다운 숲길이니 넉넉하게 시간을 잡고 여유를 갖고 걸어보면 좋겠습니다.

사찰을 둘러보는 방법은 두 가지가 있습니다.
1. 일주문과 전나무 숲을 지나 용금루로 진입하는 코스
2. 천왕문을 지나 적광전의 측면으로 진입하는 코스

월정사까지 와서 전나무 숲길을 그냥 지나칠 수 없거니와 천왕문과 금강연 또한 놓치기 아쉬운 것들이기 때문에, 올라갈 때는 [1번 코스]를 내려올 때는 [2번 코스]를 택하는 것이 좋습니다. 적광전에 오르면 고려시대 다각다층 석탑인 8각9층 석탑과 성보박물관에 소장된 석가모니의 진신사리를 볼 수 있습니다. 월정사에서 빛나고 있는 국보의 위용을 꼭 느끼고 내려오기를 바랍니다. 시간에 좀더 여유가 있다면 적멸보궁 그리고 상원사까지 다녀오면 더욱 좋을 것입니다.

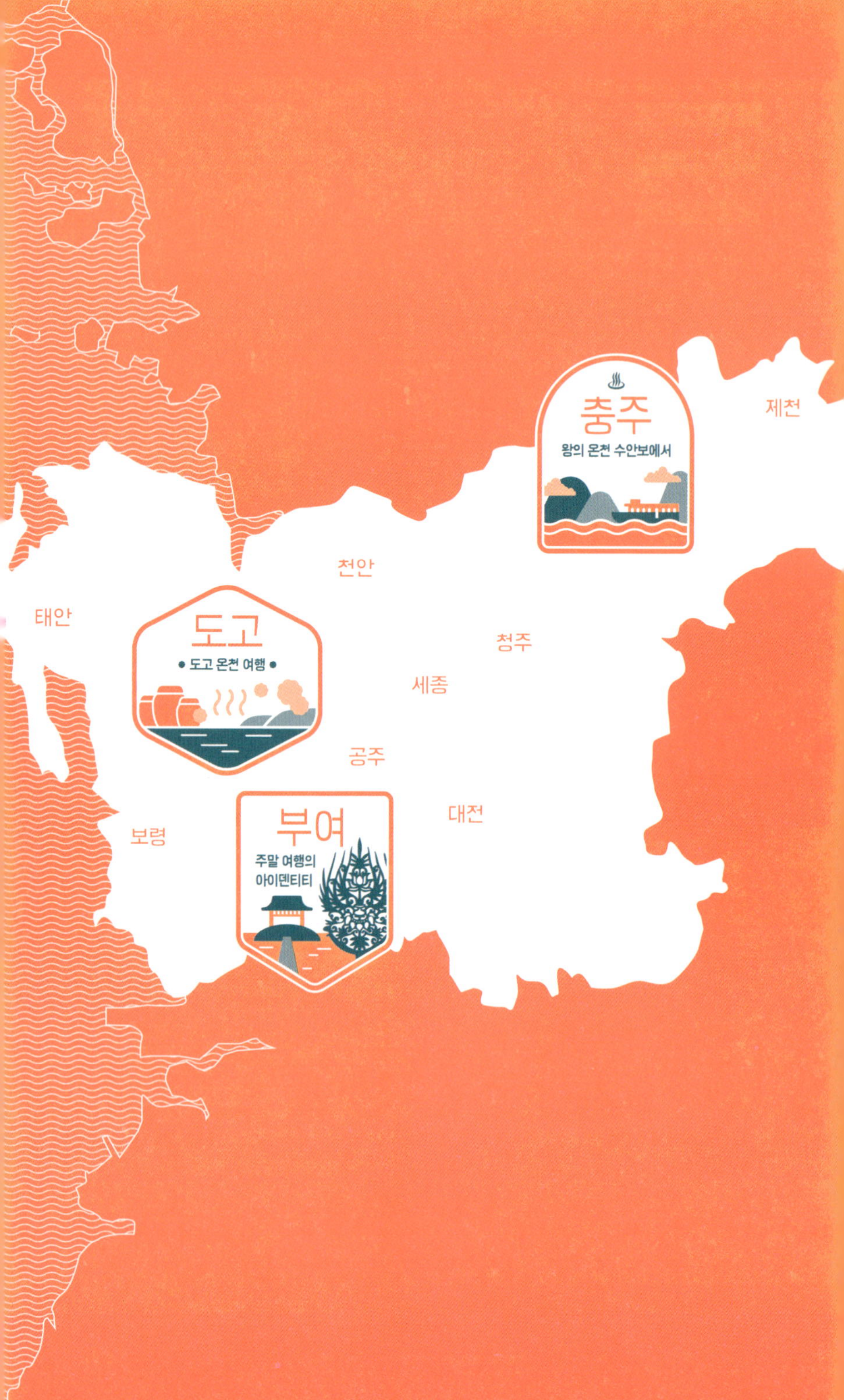
제천
충주
왕의 온천 수안보에서
천안
태안
청주
도고
도고 온천 여행
세종
공주
대전
부여
주말 여행의
아이덴티티
보령

03

충청도

도고   도고 온천 여행

도고 하면 온천만 생각나시나요? 도고는 온양 온천의 일부 지역이지만 독립적인 여행이 가능한 복합관광특구입니다. 오히려 체험과 여유를 느끼기에는 온양보다 우월한 점이 많습니다. 큰돈 들이지 않고 가까운 거리로 갈 수 있는 주말 여행지로 최적의 조건을 갖추고 있는 곳입니다.

아름다운 풍경과 다양한 볼거리, 즐길거리, 먹거리까지. 도고는 다소 지루할 것이라 생각했던 온천 여행에 대한 선입견을 벗어던지게 만들어줄 여행지입니다. 이번 일정은 아산의 온천 세 군데 중에서 도고 온천에 초점을 맞추어 구성되었습니다. 도고의 온천에 다양한 체험지를 연계하여 다채로운 가족 여행이 되게끔 했습니다.

먼저 도로의 흐름과 경로 등을 고려하여 첫째날 오전 시간에는 아산에 잠시 머무르고 나머지 시간은 도고에서 온천욕의 시간을 보내겠습니다. 둘째 날은 도고가 가지고 있는 온천 이외의 다른 장점들을 느껴볼 수 있도록 했습니다.

한때 온천 여행이 국내 여행의 주류를 형성할 때만 해도 도고는 경주 못지않게 많은 분들이 찾아가는 온천 여행의 메카였지만 지금은 그때에 비해 찾아가는 사람이 많이 줄어들었습니다. 이번 여정으로 도고라는 여행지를 새롭게 발견하게 될 것입니다.

Journey
MAP

1일   1 ➡ 6   아산권+도고권
2일   7 ➡ 9   도고권

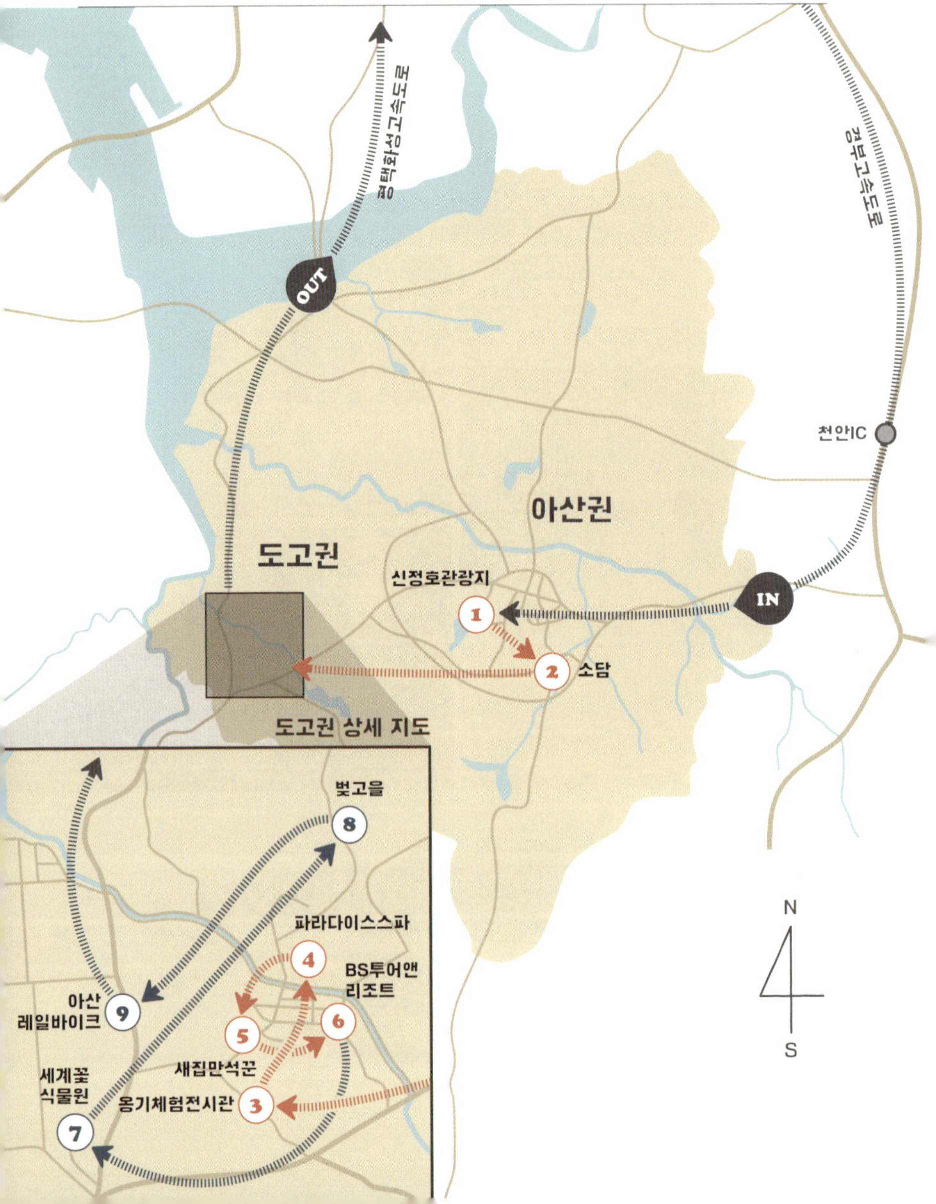

평택화성고속도로
경부고속도로
OUT
IN
천안IC
아산권
도고권
신정호관광지
1
2   소담
도고권 상세 지도
벚고을
8
파라다이스스파
4
BS투어앤
리조트
아산
레일바이크
9
5   6
세계꽃
식물원
새집만석꾼
옹기체험전시관
3
7
N
S

총거리 314.5km

총비용 255,800원

1일	거리(km)	산정 기준		비용(원, 2인 기준)
출발 ➡ ①	88.7	통행료	천안IC	4,400
①	0.0		신정호관광지	
① ➡ ②	5.4	굴비빔밥	소담	16,000
② ➡ ③	18.3	입장료	옹기체험전시관	4,000
③ ➡ ④	1.7	온천+워터파크	파라다이스스파	58,000
④ ➡ ⑤	1.3	오골계	새집만석꾼	50,000
⑤ ➡ ⑥	1.1	27평형 주중	BS투어앤리조트	62,000
지점 합계	27.8			
합계	116.5			190,400

2일	거리(km)	산정 기준		비용(원, 2인 기준)
⑥ ➡ ⑦	0.3	입장료	세계꽃식물원	16,000
⑦ ➡ ⑧	0.6	숯불구이 쌈채정식	벚고을	26,000
⑧ ➡ ⑨	0.5	2인승	아산레일바이크	18,000
지점 합계	1.4			
⑨ ➡ 도착	196.6	통행료	서울톨게이트	5,400
합계	198.0			65,400

★ 숙박은 시즌에 따라 가격 변동, 유류비 미포함

233

아산권+도고권

거리	서울 - 아산	88.7km
	경유 지점	27.8km
비용	통행+식대+관람+숙박	190,400원

첫째 날은 도고에서 숙박을 하기 때문에 거리가 먼 아산의 북부 지역은 제외하고, 도고와 인접한 온양 시내 지역의 자연을 접해보고 도고로 넘어가겠습니다. 처음 들르는 신정호관광지는 아산의 여유와 풍경을 느끼기에 좋은 곳으로 점심식사 장소와의 연계성을 고려하여 선정했습니다. 오후 시간에는 도고의 핵심 전통을 엿볼 수 있는 옹기 체험관을 방문한 후, 파라다이스스파에서 따뜻한 시간을 보내겠습니다. 도고라는 지역이 조금 낯설게 느껴질 수도 있으나 수도권에서 1시간 정도면 진입할 수 있을 만큼 가까워서 친근하고 실속 있는 여행이 될 것입니다.

아산시내권
도고권

서울
서울-경부고속도로 천안IC
AM 09:00
90분
AM 10:30

1 신정호관광지
50분
AM 11:20

10분
PM 11:30

2 소담
70분
PM 12:40

30분
PM 01:10

3 옹기발효음식
전시·체험관
80분
PM 02:30

10분
PM 02:40

4 파라다이스스파
180분
PM 05:40

10분
PM 05:50

5 새집만석꾼
서민갈비
80분
PM 07:10

10분
PM 07:20

6 BS투어앤리조트

도고권

거리	경유 지점	1.4km
	도고 – 서울	196.6km
비용	통행+식대+관람	65,400원

도고에는 어떤 볼거리가 있느냐고 물으면 강력하게 추천할 만한 두 가지 테마가 있습니다. 세계꽃식물원과 아산레일바이크입니다. 두 곳 모두 그리 알려져 있지 않지만 알차고 풍성한 체험지로서 도고에서 이곳을 그냥 지나친다면 도고 여행의 깊이를 제대로 느끼지 못할 것입니다. 온천욕의 여운을 그대로 이어 꽃향기 가득한 식물원 그리고 최근에 조성되어 아직은 북적거리지 않는 레일바이크까지 도고에는 온천만 있는 게 아닙니다. 첫째 날이 조금은 정적인 여행이었다면 둘째 날은 동적인 여행이 될 것입니다. 가까운 거리에 있고, 다양한 모습을 가진 도고…… 주말 여행의 최적지가 아닌가요?

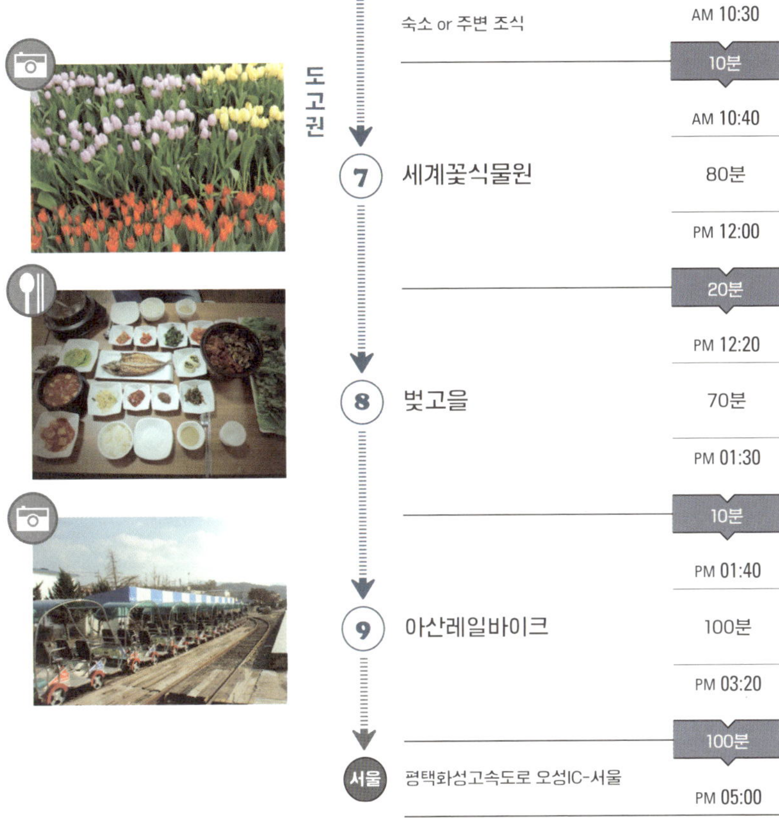

도고권

숙소 or 주변 조식
AM 10:30
10분
AM 10:40
7 세계꽃식물원
80분
PM 12:00
20분
PM 12:20
8 벚고을
70분
PM 01:30
10분
PM 01:40
9 아산레일바이크
100분
PM 03:20
100분
서울 평택화성고속도로 오성IC-서울
PM 05:00

신정호관광지

주소 & 연락처
충청남도 아산시 신정로 616
(관리사무소) 041-540-2518
sinjungho.asan.go.kr

요금 & 시간
입장료 무료

이번 도고 여행 동선이 아산을 거쳐 내려가는 만큼, 아산에서 괜찮은 장소 한 곳 정도 방문하는 것도 좋지 않을까 생각했습니다. 다만 기존에 많이 알려지지 않았으며 온천 여행으로의 흐름에 잘 맞는 곳이면 좋겠다는 고민 끝에 첫 기점을 신정호관광지로 결정했습니다. 드넓은 신정호 주변 산책길은 매우 아름답게 조성되어 있어 지나가던 사람들도 많이 들르고, 특히 주말이면 아산 시민들이 주말이면 나들이를 오는 곳입니다.

오래 머무르지 않아도 호숫가를 따라 조금 걸어보면 여행에서 이런 여유를 느낄 수 있는 장소가 중요하다는 사실을 실감하게 됩니다. 신정호 방문은 아산 여행에서 큰 중심이 되진 않지만, 주말 여행에서 느낄 수 있는 여유를 만끽할 수 있습니다. 도시에 있는 호수 대부분에 잘 조성된 공원이 있게 마련이지만, 신정호는 특히 아름다움이 빼어난 곳입니다. 꼭 한번 찾아가보기 바랍니다. 방문할 때엔 은행나무쉼터 방면 동편 주차장 2를 이용하기 바랍니다.

소담

주소 & 연락처

충청남도 아산시
순천향로 822
041-545-0084

메뉴 & 시간

굴비빔밥 8,000원, 알비빔밥 8,000원, 멍게비빔밥 8,000원,
낙지비빔밥 8,000원, 굴떡국 8,000원, 굴밥(2인 이상) 10,000원,
굴전(소) 8,000원, (대) 15,000원

예산 2인 기준 18,000~30,000원

영업 시간 10:00~21:00

소담은 한산한 국도변에, 그것도 안쪽 깊숙이 자리잡고 있어서 눈여겨보지 않으면 찾기 힘든 곳입니다. 그럼에도 불구하고 어떻게 알고 왔는지 식당 입구부터 아산 주민들로 북적입니다. 그 놀라운 모습 때문인지 음식 맛이 아주 오래 기억에 남은 곳입니다.

이곳이 굴 요리로 유명하다는 소문대로 대부분의 메뉴가 굴을 주로 이루고 있습니다. 그중에서 굴비빔밥과 굴떡국 두 가지 음식을 먹어보았습니다. 잠시 후 눈앞에 놓인 굴비빔밥이 먼저 나왔습니다. 뚝배기의 지글지글한 소리와 밥 위에 수북하게 쌓인 굴의 모양은 딱 군침을 흘리게 만들었습니다. 밥이 노릇하게 익을 만한 시간이 지나면 간장 양념을 살짝 버무려 먹습니다.

여행중에도 여러 곳의 굴 요리 전문점에 가보았으나 굴비빔밥 자체를 보기 어려웠고, 있다 해도 굴의 향과 밥의 구수함의 조화가 딱 들어맞는 소담의 굴비빔밥 같은 맛은 느껴보지 못했었습니다. 소담의 음식을 맛본 뒤로는 '아산 여행' 하면 먼저 굴비빔밥이 떠오르곤 합니다.

옹기발효음식
전시·체험관

주소 & 연락처
충청남도 아산시 도고면
도고산로 810
041-549-0075
http://www.asanonggi.com

요금 & 시간
입장료 어른 2,000원, 청소년 1,500원, 어린이 1,000원,
　　　　노인, 장애인, 3세 이하 유아, 국가유공자 무료
체험 과정 15,000원(도예 체험 및 발효음식 체험)
전시 체험 시간 하절기 09:00~18:00
　　　　　　　동절기 09:00~17:00
휴관일 매주 월요일, 신정, 설날/추석 당일

우리나라 음식 문화를 이야기할 때 김치나 된장 등의 발효음식을 빼놓을 수 없습니다. 발효음식이 중요한 만큼 발효음식을 숙성시키는 데에 가장 중요한 요소, 즉 그것을 담는 그릇 '옹기' 또한 매우 중요한 우리 문화의 일부입니다. 우리 국민이 옹기에 잘 알고 이해해야 할 필요가 있다고 생각합니다.

　　도고는 발효음식이 발달하기 시작한 고려시대 말~조선시대 초부터 전국에서 가장 알아주는 옹기 생산지였습니다. 하지만 근래에는 그 역사가 흐릿해져가고 있습니다. 도고를 찾아오는 분들이 이곳 옹기발효음식전시·체험관을 찾아 전시를 보고 직접 체험해보는 시간을 갖는 것이 더욱 필요한 시점입니다.

　　옹기발효음식전시·체험관 입구에 들어서면 먼저 오른편으로 전시관을 거치며 다양한 옹기를 구경해보기 바랍니다. 전시관을 지나 마당으로 나오면 옹기체험관과 음식체험관이 운영중이니 시간 여유가 있는 분들은 가족들과 함께 참여해보아도 좋습니다. 시기에 따라 운영 프로그램이 다를 수 있으니 참여하려는 분들은 사전에 홈페이지를 참고해야 합니다.

파라다이스스파

주소 & 연락처 ┈┈┈┈┈┈┈┈┈┈
충청남도 아산시 도고면
도고온천로 176번지
041-537-7100
www.paradisespa.co.kr

요금 & 시간 ┈┈┈┈┈┈┈┈┈┈┈┈┈┈┈┈┈┈┈
스파 비수기 어른 29,000~35,000원 / 어린이 23,000~28,000원
　　　 성수기 어른 35,000~40,000원 / 어린이 26,000~32,000원
* 성수기(7~8월, 1~3월) / 온천, 실내 외 풀장 포함
스파 운영 시간 주중 09:00~19:00 / 주말 09:00~22:00
온천대욕장 어른 10,000원~12,000원 / 어린이 8,000~9,000원
온천대욕장 운영 시간 주중 06:00~20:00 / 주말 06:00~23:00

도고로 여행 오는 사람들 중 대부분이 온천욕을 목적으로, 이곳 파라다이스스파를 찾아 오는 분들이 많습니다. 수도권 인근에도 훌륭한 시설을 갖춘 온천들이 곳곳에 있지만 대 규모의 최신식 시설과 고품질의 온천욕 등을 고려해볼 때 이곳 파라다이스스파가 그중 에서도 우위를 점하고 있습니다.

지칠 줄 모르고 오르는 워터파크의 입장료는 일가족이 하루를 즐기기에 너무 부 담스럽습니다. 또 물놀이와 온천욕을 즐기기에는 워터파크로 밀려드는 인파가 어마어 마합니다. 파라다이스스파 또한 가격이 그리 저렴하다고 할 수는 없지만 정신없이 붐비 는 수도권 워터파크에 비하면 한결 여유로운 환경에서 물놀이를 즐길 수 있습니다. 또 피부 건강에 도움이 되는 '진짜 온천욕'을 할 수 있다는 사실만으로도 주말 온천 여행 장 소로 제격입니다. 도고의 자연풍경을 그대로 담은 돔 구성의 실내 워터파크는 특히 칭찬 할 만하며 야외시설과의 연계성도 뛰어납니다. 온천욕장은 온양을 비롯한 수도권 어느 지역 보다 넓고, 구성 또한 우수합니다. 워터파크를 이용하지 않고 온천욕장만 이용해도 충분히 도고 온천의 장점을 느낄 수 있을 것입니다.

paradise Spa Docheon

새집만석꾼

주소 & 연락처 ┈┈┈┈┈┈┈┈┈

충청남도 아산시 도고면
도고면로 110번길 11
041-531-6116

메뉴 & 시간 ┈┈┈┈┈┈┈┈┈

오골계 50,000원, 꿩 50,000원, 오리훈제 45,000원,
오리로스 40,000원, 토종닭 40,000원, 낙지탕 35,000원,
잔치국수 4,000원, 묵무침 10,000원
예산 2인 기준 40,000~60,000원
영업 시간 11:00~22:00

도고 온천에는 맛집들이 은근히 많습니다. 1박 2일 여행의 핵심인 저녁식사로 추천하려는 곳은 도고 입구에 위치한 새집만석꾼입니다. 여행지 식당에서 뭔가 특별한 것을 원하는 분들에게 좋을 만한 곳으로, 식물원에 온 듯 잘 조성된 정원에 감탄하게 될 것입니다. 자그마한 연못에는 갖가지 색의 잉어들이 노닐고 있으며 주변으로는 형형색색의 꽃과 식물들이 화사하게 자리잡고 있습니다.

　　새집만석꾼에서 만나볼 수 있는 식사는 바로 토종닭, 오리, 꿩 요리입니다. 큰맘 먹지 않으면 찾기 힘든 메뉴이지만 이곳에서는 큰 부담 없이 먹을 수 있습니다. 지방으로 여행을 온 만큼 넉넉한 식사를 갈망하는 분들에게 좋을 듯합니다. 요리는 즉석에서 조리되기 때문에 아주 신선하며, 밑반찬은 집에서 만든 것처럼 정감 있고 깊이가 있습니다. 즐거웠던 온천욕 후, 새집만석꾼에서 속을 든든하게 채워보기 바랍니다.

서민갈비

주소 & 연락처

충청남도 아산시 도고면
기곡리 160-13
041-542-0145

메뉴 & 시간

돼지갈비(1인분, 250g) 12,000원, 생삼겹살(1인분, 250g) 12,000원,
평양식 기계냉면 7,000원, 선지해장국 7,000원,
소머리국밥 7,000원, 소내장탕 7,000원, 갈비탕 8,000원
예산 2인 기준 24,000~38,000원
영업 시간 09:00~21:00

온천으로 유명한 도고는 먹거리도 알찹니다. 앞서 소개한 새집만석꾼과 이곳 서민갈비 중 저녁식사로 어떤 것을 우선 추천할지 고민이 많았습니다. 이튿날 점심으로 숯불갈비를 추천했기 때문에 이곳 서민갈비를 첫날 저녁 식사 [추천 2]로 했지만, 사실 이 두 곳은 굳이 어느 곳이 우월하다고 평가하기 어렵습니다.

도고천 건너편 골목을 조금 돌아 들어오면 넓은 주차장 옆 서민갈비를 찾을 수 있습니다. 실내는 깨끗한 편이고 무엇보다 갈비의 가격이 저렴하여 부담 없이 식사할 수 있습니다. 그렇다고 갈비의 품질이 절대 떨어지지 않고, 양념으로 고기의 품질을 메꾸려는 다른 유명 갈빗집들에 비해 오히려 군더더기 없는 갈비 맛은 온천욕 후의 식욕을 채워주기에 더할 나위 없이 좋았습니다. 고기가 부담이 되는 분들은 이곳의 또다른 주력 메뉴인 해장국이나 소머리국밥을 먹어도 좋습니다.

BS투어앤리조트
(구 IF콘도)

룸 상태	★★★
데스크	★★☆
입지	★★★★
시설	★★★

주소 & 연락처 ▪▪▪▪▪▪▪▪▪▪▪▪
충청남도 아산시 도고면
기곡리 62번길 6-8
041-542-7007
www.dogoif.co.kr

요금 & 시간 ▪▪▪▪▪▪▪▪▪▪▪▪
27평형 주중 62,000원, 주말 75,000원, 연휴·성수기 105,000원
41평형 주중 85,000원, 주말 105,000원, 연휴·성수기 135,000원
추가 인원 10,000원
입실 시간 15:00 / **퇴실 시간** 11:00

도고로 여행을 떠나는 분들 대부분이 어느 온천을 다녀 가야 할지에 대하서는 크게 고민하지 않는 듯합니다. 하지만 어느 숙소를 선택해야 할지에 대하여는 많은 분들이 고민합니다. 도고 온천은 온양 온천만큼이나 오랜 역사를 가지고 있어 훌륭한 숙소들이 많을 거라 생각할 수 있지만, 훌륭한 퀄리티를 갖춘 숙소는 생각보다 많지 않습니다. 다행히 도고 온천 가까이에 아름답고 깨끗한 환경에 어울리는 BS투어앤리조트가 있습니다.

시설 면에서는 다른 유명 관광지 숙소에 비해 내세울 것이 없지만, 창밖으로 도고 전체를 바라볼 수 있으며 숙소에서 도고 온천까지 불과 5분 이내에 이동할 수 있다는 장점이 돋보입니다. BS투어앤리조트는 도고의 숙박시설 중에서 추천할 만한 대규모 리조트로, 시설에 대한 욕심을 조금만 줄이면 가격 대비 성능에서 나름대로 만족할 수 있는 공간입니다.

가치 ★★★★
입지 ★★★

세계꽃식물원

주소 & 연락처
충청남도 아산시 도고면
아산만로 37-37
041-544-0746~8
www.asangarden.com

요금
입장료 어른 8,000원, 어린이, 노인 6,000원
　　　　하절기(6~8월) 2,000원 할인
운영 시간 09:00~17:00 / 하절기 09:00~18:00

이번 여행의 핵심은 당연히 온천욕을 즐기는 것이지만 도고까지 와서 온천욕만 하고 돌아가기엔 아쉬움이 큽니다. 도고 온천 인근에는 다양한 테마의 즐길거리가 있으며 그중에서도 도고 관광객들에게 가장 높은 점수를 받고 있는 곳이 세계꽃식물원입니다.

처음 방문하여 전체를 둘러보았을 땐 기대가 크지 않았고 세계꽃식물원이라고 해서 이름만 거창한 게 아닌가 우려했습니다. 하지만 직접 마주하고 자세히 둘러보니 '국내에서 가장 아름다운 실내 정원'이라 평하고 싶을 정도로 다양하고 아름다운 식물들이 가득한, 볼거리가 충분한 식물원이었습니다. 평창의 허브나라농원이나 춘천의 제이드가든의 뛰어난 시설에 비해서는 부족한 점이 있지만 '세계꽃식물원'이라는 이곳의 이름처럼 식물 자체에 집중한다면 꽃냄새 가득한 상쾌한 기분을 느끼기에 아주 좋은 곳입니다. 어느 누구와 방문해도 잘 선택했다는 칭찬을 들을 만한 곳이며, 도고 지역을 빛나게 하는 장소입니다. 퇴장할 때 작은 화분을 하나씩 기념품으로 전달해주는 센스도 빛을 발합니다.

벚고을

음식 맛	★★★★
음식 양	★★☆
입지	★★★
시설	★★★
청결	★★★
친절	★★★

주소 & 연락처

충청남도 아산시 선장면
삼봉산길 156
041-532-5211

메뉴 & 시간

숯불구이 쌈채정식(2인 이상) 13,000원,
갈비찜 정식(2인 이상) 15,000원
예산 2인 기준 28,000~32,000원
영업 시간 06:30~22:00

벚고을은 넓은 들판을 넘어 어릴 적 시골에 놀러가는 듯한 느낌을 줍니다. 지방으로 떠나게 되었을 때 품게 되는 한식에 대한 기대를 한껏 만족시켜줄 수 있는 식당입니다. 식당의 한 편에는 아이들이 좋아하는 큰 개 두 마리가 방문객들을 맞이하며 실내로 들어서면 넓고 깔끔한 분위기가 손님들을 반깁니다.

메뉴를 보면 알겠지만 무엇을 먹을지 크게 고민할 필요가 없습니다. 쌈채정식을 주문하면 다양한 밑반찬과 갖가지 야채가 가지런히 놓이는데, 모든 야채는 이곳에서 직접 재배한 무공해 야채라고 합니다. 다른 곳의 야채보다 아삭아삭한 식감이 살아 있습니다. 주문이 들어오면 바로 바로 숯불에 구워 나오는 고기가 후각을 자극하기 시작합니다. 쌈채정식은 바로 이렇게 먹는 것이라는 생각이 절로 듭니다. 비싸지 않은 가격에 질 좋은 야채와 숯불고기를 맛볼 수 있는 좋은 기회. 벚고을에서 가족과 함께 즐겨보기 바랍니다. 숯불고기를 굽는 시간이 조금 걸리는 편이니 미리 예약하고 방문하면 더욱 좋습니다.

아산 레일바이크

주소 & 연락처

충청남도 아산시 도고면
아산만로 199-7
041-547-7882
www.아산레일바이크.com

요금 & 시간

이용료 2인승 18,000원, 3인승 21,000원, 4인승 24,000원
운영 시간 09:00~18:00
운행 거리 5.5km / **소요 시간** 약 45분
(구)도고온천역 및 (구)선장역 출발 / 오르막 구간 전동운행

수도권과 거리가 가깝고 온천이 있다는 사실로 도고는 주말 여행으로 최적의 조건을 갖추고 있습니다. 도고의 또다른 매력 포인트가 있다면 바로 체험 활동입니다. 앞서 소개했던 세계꽃식물원과 더불어 도고 여행의 정점을 찍을 만한 체험지는 최근에 문을 연 레일바이크입니다.

다른 지역의 레일바이크는 예약을 하지 않으면 탑승하기 어렵지만 도고의 레일바이크는 아직 널리 알려지지 않은 까닭에 주말에 방문해도 즉시 탑승이 가능합니다. 또 오르막 구간에는 바이크에 전동장치가 설치되어 있어 힘들이지 않고 움직일 수 있습니다. 바다가 보이거나 터널을 넘나드는 재미는 없지만 넓은 들판을 양옆에 끼고 다니는 경험 또한 상당한 감흥을 불러일으킵니다. 도고 온천에서 10분 거리에 위치하고 있으며 가족 모두가 즐거워할 수 있는 곳입니다.

도고온천역
道高温泉驛
Dogo-oncheon Station
아산 레일 바이크

도고온천
Dogo oncheon 道高
신례원
온
Sillyewon 新禮院 Onyang on

부여　　　주말 여행의 아이덴티티

이번 부여 여행은 백제 문화에 대한 답사 및 체험을 중심에 두고, 부여가 가지고 있는 다양한 프로그램을 즐길 수 있도록 구성했습니다. 모든 지점은 10분 내외에서 이동할 수 있어 효율적인 여행이 될 것입니다. 또 예전에 부여를 가보았던 분이라도 조금은 색다른 답사와 체험의 시간이 될 것입니다.

지금 주말 여행으로 어디가 좋을지 고민하는 분이라면, 눈을 조금 돌려 부여로 떠나보는 것은 어떨까요? 주말 여행지를 결정할 때 가장 큰 고민은 첫번째가 교통 체증과 숙박, 두번째가 먹거리를 비롯한 여행 구성원들의 만족도일 것입니다. 그 고민들을 해결할 수 있는 적절한 여행지가 바로 부여입니다.

부여로 가는 길은 영동고속도로나 서해안고속도로에 비해 상대적으로 교통 체증이 덜하여 계획했던 일정 대로 여행하기에 딱 좋습니다. 부여문화단지 인근에는 최신식의 리조트와 워터파크, 아웃렛까지 있어 다양한 여행구성원의 구미를 맞추기에도 딱입니다. 부여가 백제의 고도였던 만큼 우리 문화에 대한 욕구까지 충족시켜 줄 최강의 여행지, 부여입니다.

   부여   주말 여행의 아이덴티티

Journey

MAP

1일 1 → 6 중부권+북부권

2일 7 → 9 북부권+중부권

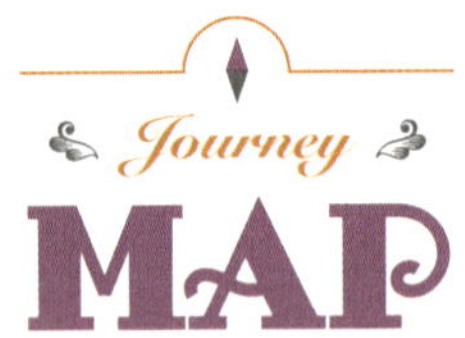

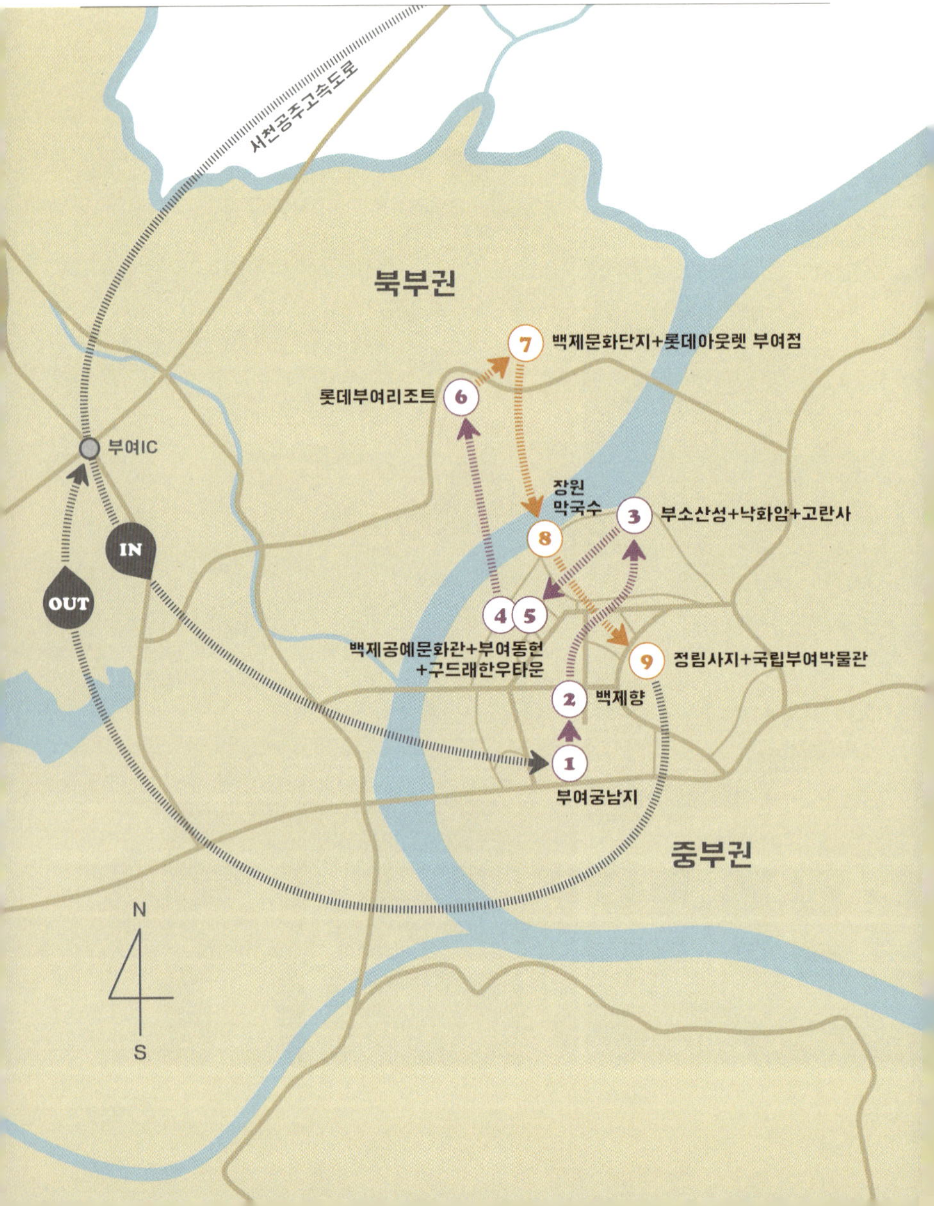

 cost & DISTANCE

총거리 317.3km

총비용 226,600원

1일	거리(km)	산정 기준		비용(원, 2인 기준)
출발 ➠ ①	155.4	통행료	서공주IC	9,800
①	0.0		부여궁남지	
① ➠ ②	0.6	연잎밥	백제향	22,000
② ➠ ③	1.3	입장료	부소산성+낙화암+고란사	4,000
③ ➠ ④	0.5		백제공예문화관+부여동헌	
④ ➠ ⑤	0.3	한우모둠+상차림	구드래한우타운	34,000
⑤ ➠ ⑥	5.9	호텔형디럭스(평일)	롯데부여리조트	115,000
지점 합계	8.6			
합계	**164.0**			**184,800**

2일	거리(km)	산정 기준		비용(원, 2인 기준)
⑥ ➠ ⑦	0.0	관람료	백제문화단지	8,000
⑦ ➠ ⑧	6.9	메밀막국수+편육	장원막국수	21,000
⑧ ➠ ⑨	2.0	입장료	정림사지+국립부여박물관	3,000
지점 합계	8.9			
⑨ ➠ 도착	144.4	통행료	서울톨게이트	9,800
합계	**153.3**			**41,800**

★ 숙박은 시즌에 따라 가격 변동, 유류비 미포함

중부권+북부권

거리	서울-부여	155.4km
	경유 지점	8.6km
비용	통행+식대+관람+숙박	184,800원

부여 중부에 해당하는 시내권을 거쳐 부소산성과 백제문화단지가 있는 북부권으로 향하는 것이 첫째 날 전체 루트입니다. 이 일정의 핵심은 백제의 마지막 수도였던 부여의 역사가 담겨 있는 '부소산성'을 방문하는 데 있습니다. 백제공예문화관 및 저녁식사 장소는 모두 부소산성에서 도보로 움직일 수 있습니다. 그동안 답사 여행하면 경주나 안동을 생각했지만 이번에 만나는 부여에서는 또다른 모습의 우리 문화를 접하게 될 것입니다. 지금부터 백제로의 여행을 떠나보겠습니다.

중부권
북부권
서울
서울-서천공주고속도로 부여IC
AM 08:30
150분
AM 11:00
1 부여궁남지
80분
PM 12:20
10분
PM 12:30
2 백제향
산장식당
80분
PM 01:50
10분
PM 02:00
3 부소산성
+낙화암
+고란사
150분
PM 04:30
10분(도보)
PM 04:40
4 백제공예문화관
+부여동헌
60분
PM 05:40
10분
PM 05:50
5 구드래한우타운
백제의집
90분
PM 07:20
20분
PM 07:40
6 롯데부여리조트

북부권+중부권

거리	경유 지점	8.9km
	부여-서울	144.4km
비용	통행+식대+관람	41,800원

백제문화탐방에 초점을 맞춘 부여 여행이지만 기왕이면 부여가 가지고 있는 최신의 트렌드 지점도 함께 돌아보는 것이 좋겠죠? 둘째 날은 백재문화단지와 최근 오픈한 롯데아웃렛 부여점을 묶어 오전 시간을 보내고, 오후에는 정림사지에서 부여의 국보를 만나보도록 하겠습니다. 경주 하면 다보탑이 있듯 부여에는 '정림사지탑'이 있습니다. 정림사지탑과 정림사지박물관까지 돌아본 후 시간 여유가 있는 분들은 정림사지에서 수백 미터 거리에 위치한 국립부여박물관을 찾아가서 국보 중의 국보인 금동대향로를 관람한 후 돌아가도 좋을 것입니다. 백제문화단지 방문시에는 객실 카드 키(기타 확인증)를 지참하면 입장료 할인을 받을 수 있습니다.

     부여   주말 여행의 아이덴티티

북부권

숙소 or 주변 조식
AM 09:30

10분

AM 09:40

7
백제문화단지
+롯데아웃렛 부여점
150분

AM 12:10

20분

PM 12:30

8
장원막국수
80분

메밀꽃필무렵
PM 01:50

중부권

10분

PM 02:00

9
정림사지
+국립부여박물관
120분

PM 04:00

150분

서울
서천공주고속도로 부여IC-서울
PM 06:30

부여궁남지

주소 & 연락처
충청남도 부여군 궁남로 52
041-830-2512

요금 & 시간
입장료 무료

문화재 정보
사적 제135호
수량/면적 210,881㎡
지정일 1964년 06월 10일
시대 삼국시대

아름다운 백제 문화를 꽃피웠던 부여. 그만큼 수많은 국보를 품고 있는지라 사실 궁남지에 큰 기대를 걸지 않고 방문했습니다. 하지만 기대 이상의 큰 감동을 느꼈던 곳입니다. 경주 안압지를 떠올리면 궁남지가 어떤 곳인지 금세 알 것입니다. 궁남지와 안압지를 비교해보자면, 안압지는 신라 특유의 세심함을 가졌고 궁궐의 조경 시설인 만큼 선이 굵습니다. 이에 비해 궁남지는 신라와는 조금 다른 백제의 멋이 그대로 살아 있어 안압지와는 또다른 독특함을 느낄 수 있습니다. 백제 후원문화의 결정판이라 할 수 있습니다.

궁남지의 가장 큰 매력은 끝없이 펼쳐지는 연꽃들 그리고 연못 중앙의 포룡정이 아닐까 생각합니다. 입구에서 좌우로 아름답게 놓인 연꽃들을 지나 궁남지로 향하면 멀리 오작교 같은 다리로 연결되어 있는 포룡정을 만날 수 있습니다. 궁남지는 처음부터 끝까지 한 권의 책처럼 동선이 아름답게 연결되어 있으며, 모두 거치고 나면 후련함이 느껴집니다. 백제 무왕과 선화공주의 무대인 궁남지로 떠나보기 바랍니다.

백제향

주소 & 연락처

충청남도 부여군 부여읍
사비로 30번길 17
041-837-0110
백제향.kr

메뉴 & 시간

백련향연밥 16,000원, 연잎밥 11,000원, 우렁쌈밥 10,000원,
우렁회무침 10,000원, 공깃밥 1,000원, 소불고기(200g) 11,000원
예산 2인 기준 22,000~32,000원
영업 시간 11:00~21:00

부여는 백제의 고도라는 사실이 각인되어 있어 부여 여행에는 문화재 등 볼거리가 많을 것이란 생각만 가졌지, 사실 음식에 대해서는 별 기대를 하지 않았습니다. 그런데 백제향의 연잎밥을 맛보고 부여의 음식에 대한 생각이 바뀌었습니다.

이곳의 연잎밥은 다른 식당과는 달리 찰진 정도가 적절하고 특히 향이 강했습니다. 다른 곳보다 연잎을 한 장 더 감싸 숙성시켰기 때문으로 보입니다. 11,000원짜리 연잎밥을 주문하면 생선과 불고기, 우렁회무침을 비롯한 다양한 밑반찬이 차려지는데 구성이 탁월했습니다. 개별 밑반찬의 맛 또한 입에 착착 붙었습니다. 부여에 수많은 연잎밥 식당이 있지만 그중에서 가장 훌륭한 곳이 백제향이 아닐까 싶습니다.

산장식당

<table>
<tr><td>음식 맛</td><td>★★★★</td></tr>
<tr><td>음식 양</td><td>★★★</td></tr>
<tr><td>입지</td><td>★★★</td></tr>
<tr><td>시설</td><td>★★★★</td></tr>
<tr><td>청결</td><td>★★★★</td></tr>
<tr><td>친절</td><td>★★☆</td></tr>
</table>

주소 & 연락처

충청남도 부여군 부여읍
사비로 11
041-835-3039

메뉴 & 시간

장어구이(1인) 28,000원. 참게장백반(1인) 17,000원.
메기매운탕(소) 30,000원, (중) 40,000원, (대) 50,000원,
(특대) 60,000원, 참게매운탕(소) 30,000원, (중) 40,000원,
(대) 50,000원, 붕어찜 18,000원, 공깃밥 1,000원
예산 2인 기준 34,000~56,000원
영업 시간 11:00~21:00

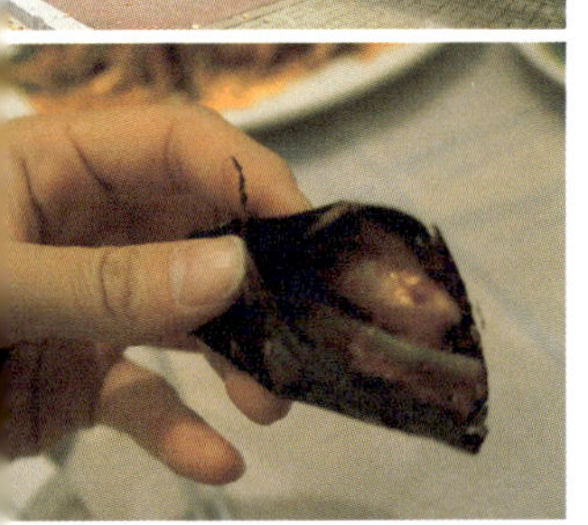

부여는 백마강이 중심을 휘감고 있는 강의 도시입니다. 그만큼 장어를 맛볼 수 있는 식당도 많습니다. 하지만 가격만 비싸고 가격에 상응하지 못하는 맛의 장어요리를 내놓는 식당들도 여럿 있어 부여를 여행하는 이들에게 원성을 사고 있기도 합니다. 하지만 이곳 산장식당은 부여 방문시 꼭 찾아가게 되는 장어 전문점으로 부여장어의 명맥을 잘 이어가고 있습니다. 장어구이의 맛은 신선도가 좌우하는데, 일단 신선도가 떨어지는 장어는 질기고 양념을 해도 누린내가 나게 마련입니다. 하지만 이곳 산장식당은 신선한 장어를 쓴다는 것을 맛에서 느낄 수 있습니다. 장어 살이 아주 부드러우며 장어의 본연의 향과 양념이 적절히 섞여 은은한 장어의 맛을 느낄 수 있습니다.

부소산성
+낙화암

주소 & 연락처
충청남도 부여군 부여읍
부소로 31
041-830-2511

요금 & 시간
입장료 어른 2,000원. 청소년.
군인 1,100원. 어린이 1,000원
(낙화암, 고란사 포함)
운영 시간 3~10월 09:00~18:00
11~2월 09:00~17:00

문화재 정보
사적 제5호
수량/면적 983,598㎡
지정일 1963년 01월 21일
시대 삼국시대

부소산성은 538년 백제 성왕이 웅진에서 사비로 도읍을 옮긴 후 백제가 멸망할 때까지 123년 동안 백제의 도읍이었던 장소입니다. 당시에는 사비성이라 불렸습니다. 의자왕을 비롯한 3천 궁녀가 뛰어내렸다는 낙화암이 부소산성 끝자락에 잡고 있습니다. 낙화암 위에 오르면 역사책으로만 읽었던 백제 멸망에 대한 이야기가 조금 더 가까이 느껴질 것입니다.

부소산성 정문에서 도보로 이동시 약 60분 정도가 소요되며 부소산성 구문을 이용하시면 시간을 약간 절약할 수 있습니다. 산성이라고 하지만 100미터 정도의 낮은 산으로 가벼운 등산 정도로 생각하면 됩니다. 낙화암 주변으로 계단이 많은 편이니 아이와 함께 방문하는 분들은 참고해야 할 듯합니다. 그럼 지금부터 백제의 마지막 역사의 현장으로 가보겠습니다.

고란사

주소 & 연락처
충청남도 부여군 부여읍
쌍북리 1번지
041-835-2062
고란사.opia.kr

요금 & 시간
입장료 무료(부소산성 입장료)
관람시간 3~10월 09:00~18:00
　　　　　11~2월 09:00~17:00

문화재 정보
충청남도 문화재자료 제98호
수량/면적 170.9㎡
지정일 1984년 05월 17일

부소산성의 낙화암을 돌아내려가다보면 절벽 위에 자그마한 절이 놓여 있습니다. 백제의 3천 궁녀를 위로하기 위해 중창되었다는 '고란사'입니다. 고란사에 가면 부소산성에서는 멀게만 보이던 백마강이 한눈에 들어옵니다. 절의 뒤편으로 돌아가면 약수로 유명한 고란정을 만날 수 있습니다. 특히 고란사는 약수 때문에 찾아가는 분들이 많은 곳인만큼, 부소산성을 힘들게 돌아와 약수를 한 모금 마시면 가슴속까지 시원해질 것입니다. 어린이가 된 할아버지 설화에 의하면 한 모금만 마셔도 3년 젊어지는 약수라고 하니 꼭, 꼭 참고하시기 바랍니다.

참고로 고란사로 접근하는 방법은 두 가지가 있습니다.

1. 부소산성과 낙화암을 거쳐 도보로 이동하는 방법
2. 구드래 선착장의 유람선으로 이동하여 고란사와 낙화암을 관람하는 방법

백제공예문화관
+부여동헌

주소 & 연락처
충청남도 부여군 부여읍
부소로 15
041-830-2511

요금
입장료 무료

문화재 정보
충청남도 유형문화재 제96호
수량/면적 568.1㎡
지정일 1982년 08월 03일
시대 조선시대

백제공예문화관은 부소산성 입구에 위치하고 있습니다. 예전에는 국립부여박물관이었으나 화려했던 백제의 왕실 문화와 백성들의 문화가 어떠했는지 이해를 돕기 위해 만들어 백제공예문화관으로 조성되었습니다. 1층에는 공방들이 있고 2층에는 4D 체험관과 모형관 그리고 전시관 등이 있습니다.

백제공예문화관의 중요한 점은 내부 전시품보다 문화관 건물 자체에 있습니다. 우리나라 건축계의 거장이었던 고(故) 김수근 선생의 초기 작품이기 때문입니다. 박공지붕을 형상화한 육중한 외관 디자인이 왜색이 짙다는 비평이 일기도 하였으나, 그는 '이것은 현대건축을 전공한 김수근의 양식이다'라는 명언까지 남겼습니다. 일본의 건축가들조차 대단히 한국적인데 왜 일본적이라고 말하지는 모르겠다고 했는데, 아마도 당시 대일청구권과 맞물린 시대적 상황 때문이었을 것입니다. 아무튼 이 건물은 우리나라 건축계의 한 획을 그은 명작입니다. 서울 계동 '공간사옥'으로도 유명한 김수근의 작품과 백제 문화 그리고 부여동헌까지 이곳 백제공예문화관에서 만나보기 바랍니다.

음식맛 ★★★☆
음식양 ★★★★
입지 ★★☆
시설 ★★☆
청결 ★★☆
친절 ★★★★

구드래한우타운

주소 & 연락처

충청남도 부여군 부여읍
나루터로 25
041-832-1133

메뉴 & 시간

갈비살(600g) 65,000원, 생갈비(600g) 66,000원, 생등심(600g)
45,000원, 한우모둠(600g) 30,000원, 육회(500g) 25,000원,
차돌박이(500g) 25,000원, 육사시미(500g) 20,000원,
기본상차림 2,000원, 우족곰탕 10,000원, 한우탕 6,000원,
육회비빔밥 6,000원, 한우차돌박이 된장찌개 6,000원
예산 2인 기준 34,000~49,000원 / **영업 시간** 10:00~22:00

부여의 대표음식 하면 연잎밥과 막국수를 떠올리는 분들이 많지만, 사실 부여에서 가장 알아주는 음식은 한우입니다. 부여 한우에 대한 자랑은 잠시 접어두고 구드래한우타운에 대한 설명으로 바로 넘어가겠습니다.

부여 최대 식당가인 부소산성 앞에 가면 수많은 맛집들이 모여 있습니다. 하지만 대부분이 여행객들에게 유명할 뿐 부여 주민들이 찾는 곳은 흔치 않습니다. 그런데 구드래한우타운은 부여 주민들이 가장 많이 찾는 한우정육식당으로 사시사철 북적입니다. 구드래한우타운의 가장 큰 장점은 가격 대비 만족도입니다. 모둠 한우의 가격이 평균 4만 원 정도이며 2만 5천 원 정도의 육회는 두 명이 다 먹기 힘들 만큼 양이 푸짐합니다. 지금까지 가보았던 정육식당들 중에서 가장 가격이 저렴했고 전국적으로 보아도 가장 저렴한 정육식당이 아닐까 생각합니다. 개별 방들이 충분이 구비되어 있으며 정육식당인 만큼 상차림은 따로 지불해야 합니다. 생각보다 양이 많으니 주문시 고기 욕심은 조금 접어두기 바랍니다.

백제의집

주소 & 연락처

충청남도 부여군 부여읍
성왕로 248
041-834-1212
www.baekje-house.co.kr

메뉴 & 시간

부여연밥 15,000원, 부여연정식 20,000원, 오리연정식 22,000원,
백제정식 25,000원, 연잎우렁쌈밥 10,000원, 연잎밥 8,000원,
불고기쌈밥 12,000원, 우렁쌈밥 7,000원, 오리훈제쌈밥 13,000원,
부여갈비찜 10,000원, 오리훈제구이 38,000원

예산 2인 기준 14,000~28,000원
영업 시간 10:00~22:00

부여에 도착하면 연못과 그곳에 피어 있는 연꽃을 자주 볼 수 있습니다. 그만큼 부여에는 연잎에 감싸 숙성시킨 연잎밥이 많으며, 가장 인기 있고 대중적인 메뉴입니다. 이곳 백제의집은 부여에 있는 연잎을 재료로 한 식당들 중 가장 많은 사람들이 찾아가는 곳입니다. 부여에 있는 다른 연잎밥 식당들에 비하여 맛이 월등하다고 할 수는 없지만 대중적으로 선호하는 다양한 메뉴 구성이 돋보이는 집입니다. 다른 연잎밥집들과는 다르게 불고기전골을 비롯하여 된장찌개 그리고 다양한 종류의 쌈까지 맛볼 수 있습니다. 음식 양도 푸짐합니다. 마지막으로 백제의 집은 부소산성 입구 바로 건너편에 위치하고 있으니 주차는 부소산성 주차장을 이용하면 편리합니다.

롯데부여리조트

주소 & 연락처

충청남도 부여군 규암면
백제문로 400
041-939-1000
www.lottebuyeoresort.com

요금 & 시간

호텔형 디럭스(2인) 주중 115,000원, 주말 142,000원
패밀리(2인+2인) 주중 125,000원, 주말 161,030원
콘도형 패밀리(4인) 주중 125,000원, 주말 172,000원
스위트(4인+2인) 주중 145,000원, 주말 202,000원
추가 인원 콘도 5,000원, 호텔 10,000원
입실 시간 14:00 / **퇴실 시간** 11:00

리조트는 시설과 서비스뿐만 아니라 주변 환경과 입지 그리고 부대시설까지 좋아야 진짜 좋은 리조트일 것입니다. 부여리조트는 지금까지의 시설 좋은 리조트의 수준을 한 단계 넘어서 문화 체험, 쇼핑, 물놀이 등 리조트에서 기대할 만한 모든 것을 즐길 수 있는 리조트입니다. 부여문화단지 건립 계획에 따라 진행되어온 부여위락단지가 이제서야 완성되어 부여리조트는 부여위락단지의 후광을 독점하며 관광객을 기다리고 있습니다.

부여리조트는 '2011년 한국건축문화대상 우수상' '제34회 한국건축사협회상' 등을 수상했습니다. 특히 리조트 앞 국내 최대 규모의 원형회랑은 방문객의 눈을 사로잡습니다. 리조트의 수준에 비해 가격도 저렴하고 객실 구성도 탁월합니다.

백제문화단지

주소 & 연락처

충청남도 부여군 규암면
백제문로 374
041-635-7740
www.bhm.or.kr

요금 & 시간

백제문화단지(백제역사문화관 포함) 어른 4,000원,
청소년, 군경 3,000원, 어린이 2,000원
백제역사문화관 어른 1,500원, 청소년, 군경 1,200원, 어린이 800원
운영 시간 3~10월 09:00~18:00 / 11~2월 09:00~17:00
휴관일 매주 월요일, 1월 1일

백제문화단지는 100만 평의 장대한 대지 위에 6천억 원 이상이 투입되어 국내 최대 규모의 문화단지로 조성되었습니다. 지금까지 경주, 김해, 공주 등 고도로 지정된 어느 도시에서도 시도된 적 없었던 궁궐 재현은 불가능할 것이라는 처음의 걱정을 한방에 날려버렸습니다. 백제문화단지는 백제 궁궐의 모습과 기술을 그대로 재현해내어 경주 여행보다 부여 여행이 인상 깊다고 주장할 수 있는 바탕을 만들었습니다.

궁내의 모든 전각은 단순히 백제 문화를 흉내낸 것이 아니라 그대로 재현해내고자 노력한 흔적이 역력합니다. 특히 목조불탑은 국내 최초로 백제만의 목조 기술인 공포의 하앙식 구조를 다시 시도하여 완성시킨 역작입니다. 정문인 정양문을 지나면 백제 궁궐의 장대한 모습을 그대로 느낄 수 있습니다. 고도의 백제 기술을 복원하고자 계획 단계부터 철저히 노력한 결과물에 뿌듯함까지 갖게 될 것입니다. 비슷하면서도 변화가 있는 배치와 구성 때문에 지치는 줄 모르고 관람할 수 있을 것입니다.

롯데아웃렛
부여점

주소 & 연락처
충청남도 부여군 규암면
백제문로 387
041-435-2500
store.lotteshopping.com

요금 & 시간
운영 시간 평일 10:30~20:30 / 주말 10:30~21:00
(식당가는 11:00부터 영업 시작)

리조트와 워터파크, 백제문화단지만으로도 백점 만점의 여행지였던 부여. 아웃렛까지 문을 열면서 이제 제주도의 중문단지와 비교해도 손색이 없는 관광단지로 완성되었습니다.

사실 규모 면에서는 수도권 아웃렛에 비하여 조금 부족하지만, 생각보다 많은 브랜드가 입점해 있습니다. 무엇보다 국내 최고의 설계팀이 참여한 단지의 구성이 탁월합니다. 부여문화단지의 분위기를 훼손하지 않도록 한 개별 건물들의 독특한 모습과 단지 전체의 구성이 기존의 아웃렛에 비하여 진일보하였습니다.

그동안 차가 막히는 주말, 멀리까지 아웃렛 투어에 나섰던 분들! 이제는 부여라는 백제 고도에서 문화재 답사와 체험 그리고 아웃렛에서의 쇼핑까지 즐길 수 있습니다. 백제문화재단지와 얼굴을 맞대고 있으며 부여리조트에서도 한눈에 들어오는 위치에 있어 편하게 찾아갈 수 있습니다.

장원막국수

음식 맛	★★★★
음식 양	★★★
입지	★★★★
시설	★★☆
청결	★★★
친절	★★★

주소 & 연락처
충청남도 부여군 부여읍
나루터로 62번길 20
041-835-6561

메뉴 & 시간
메밀막국수 6,000원, 편육 15,000원
예산 2인 기준 11,000~26,000원
영업 시간 11:00~20:30

부여의 연잎밥과 한우는 오래 전부터 그 명성이 자자했지만 어느 순간부터 막국수라는 음식이 부여의 대표 음식으로 치고 올라왔습니다. 이제는 부여 여행객들이 가장 많이 찾는 음식이 된 막국수를 부여 대표 음식에 추가한 장본인이 바로 장원막국수입니다.

　장원막국수의 특징은 국물 맛과 수육에 있습니다. 다른 지역의 유명한 막국숫집들 또한 수육을 기본 메뉴로 하고 있지만 이곳의 수육은 막국수와 쌈을 싸서 먹도록 '얇게' 썰려 있습니다. 처음에는 막국수와 수육의 쌈이 조금 어색하다고 생각했지만, 직접 맛을 보니 수육의 고기 맛과 메밀 면, 깔끔한 육수가 서로 융화되어 감칠맛이 진하게 남았습니다. 이런 독특한 맛으로 부여 막국수의 명성까지 떨치게 된 것입니다. 지금까지 먹어보았던 막국수와는 다른 맛을 느껴보고 싶다면 장원막국수를 찾아가보기 바랍니다.

메밀꽃필무렵

주소 & 연락처

충청남도 부여군 부여읍
북포로 98
041-837-0806

메뉴 & 시간

메밀막국수 6,000원, 사리 3,000원, 메밀비빔막국수 7,000원,
수육(대) 30,000원, (중) 20,000원, 메밀묵밥 7,000원,
메밀만두 6,000원, 메밀빈대떡 6,000원, 삼계탕(예약) 12,000원,
닭백숙(예약) 50,000원, 오리백숙(예약) 50,000원
예산 2인 기준 16,000~30,000원
영업 시간 11:00~21:00

막국수가 부여를 대표하는 음식 중 하나라면 메밀꽃필무렵은 그 중심에 있는 부여 대표 막국숫집 중 하나입니다. 앞서 소개한 장원막국수와 이곳 메밀꽃필무렵이 부여 막국수의 쌍벽을 이룬다고 보면 됩니다. 수육에 싸서 먹는 독특한 막국수에 기대감이 크다면 장원막국수를, 식사를 비롯하여 전반적인 식당 분위기에 중점을 둔다면 메밀꽃필무렵을 방문하기 바랍니다. 고풍스러운 한옥 정문으로 들어가면 넓은 잔디밭으로 물레방아가 시원스럽게 돌아가고 있습니다. 칼칼한 국물 맛의 막국수를 한결 고풍스런 분위기에서 맛볼 수 있을 만큼, 식당 내부 분위기도 좋습니다. 부여리조트에서 몇 분 거리에 위치하고 있어 이동하기에도 편리합니다.

정림사지

주소 & 연락처
충청남도 부여군 부여읍
동남리 정림로 83
041-832-2721
www.jeongnimsaji.or.kr

요금 & 시간
입장료 어른 1,500원, 청소년,
군인 900원, 어린이 700원
운영 시간 10~3월 09:00~17:00
　　　　　4~9월 09:00~19:00
휴관일 매주 월요일

문화재 정보
사적 제301호
수량/면적 59,245㎡
지정일 1983년 03월 26일
시대 백제

경주 하면 불국사 석가탑과 다보탑 그리고 금동미륵보살반가사유상을 뽑을 수 있듯, 백제 하면 무령왕릉과 금동대향로 그리고 정림사지탑을 꼽을 수 있습니다. 먼저 정림사지의 배치는 그동안 목탑가람이 갖는 공간적인 협소함을 변모시켜 전체적으로 넓은 공간을 확보했습니다. 특히 금당 앞뜰 정중앙에 탑을 배치하여 넓은 공간에서도 사람의 시선이 한곳으로 집중되도록 하여 기존의 사찰 배치 방식과 다른 백제만의 독특한 가람 배치기법을 완성했습니다.

　　정림사지탑은 삼국시대 초기 석탑의 시원적인 모습으로 기단을 낮게, 1층 탑신을 높게 하고 2층에서부터 탑신의 높이와 너비를 급격히 줄여 시선을 1층에 머물게 하는 건축적 기법을 훌륭하게 사용했습니다. 모든 판석은 맞춤형식으로 만들어졌으며 전각의 우동이 버선코와 같이 올라가 있어 신라 석탑과는 완전히 다른 면을 느낄 수 있습니다.

　　최근 건립된 박물관에서는 석탑의 건립 과정을 볼 수 있고, 그 외에도 다양한 프로그램이 마련되어 있습니다. 박물관 자체의 건축 또한 목조를 사용하면서도 대규모 내부 공간을 확보한 수작이니 꼼꼼히 살펴보기를 바랍니다.

국립부여박물관

주소 & 연락처
충청남도 부여군 부여읍
금성로 5
041-833-8563
buyeo.museum.go.kr

요금 & 시간
입장료 무료
개방 시간 평일 09:00~18:00 / 주말, 공휴일 09:00~19:00 /
야간개장(4~10월) 매주 토요일 09:00~21:00
휴관일 매주 월요일, 1월 1일

고도(古都)로 지정된 도시를 방문하면 꼭 방문해야 할 곳이 박물관입니다. 부여가 백제의 마지막 고도였던 만큼 가치가 높은 도시 전체에 백제 유물들이 참 많습니다. 특히 국립부여박물관에는 백제금동대향로와 창왕석조사리감, 사택지적비 등 우리나라를 대표할 만한 유물들이 다수 소장되어 있습니다.

부여 능산리에서 발굴된 백제금동대향로는 불전에 향을 피울 때 쓰이는 것으로 용 한 마리가 연꽃봉오리를 물고 있는 형상으로, 불로장생을 뜻하는 다양한 장식이 섬세하게 조각되어 있습니다. 불교와 도교가 압축적으로 표현된 백제금동대향로에서 백제 왕실의 사상을 느껴보기를 바랍니다.

사택지적비는 1948년 부여의 한 도로변에서 발견되었습니다. 현재까지 발견된 백제 유일의 비석으로, <서동요>로 유명한 무왕의 왕비가 선화공주가 아니라 사택 집안의 인물이었을 것이란 추측을 뒷받침하는 유물입니다. 훼손 정도가 심하여 국보로는 지정되지 않은 점이 아쉬울 따름입니다.

충주　　　　왕의 온천 수안보에서

충주 여행에 대해 잘 모르더라도 '수안보' 하면 온천으로 유명한 곳이라는 것쯤은 다들 알고 계실 것입니다. 조선시대 왕들이 행차하였던 수안보는 현재도 최고의 수질을 자랑하는 전국 최고의 온천입니다.

　　좋은 여행지는 단순히 한 가지 장점만 있는 것이 아니라 자연과 문화, 다양한 먹거리와 숙박시설, 입지까지 두루 갖추고 있어야 합니다. 그런 면에서 충주는 천년의 문화와 수안보라는 자연, 온천 지구의 다양한 먹거리와 숙박시설, 마지막으로 서울에서 2시간 이내가 소요되는 가까운 거리까지. 최적의 여행지가 갖추어야 할 모든 조건을 가진 곳이라 할 수 있습니다.

　　이번 일정은 충주에 위치한 두 곳의 온천 지구 중에서 남부의 수안보 온천 지구에서 숙박하는 것을 기본으로, 전반적인 여행 일정을 계획했습니다. 충주는 호수와 온천 그리고 오랜 역사가 있는 우리나라 최고의 관광 지역으로 가족, 연인, 부모님, 누구와 함께라도 잘 어울리는 여행이 될 것입니다.

충주　　　왕의 온천 수안보에서

Journey
MAP

1일 1 ▶ 6 북부권+남부권
2일 7 ▶ 9 남부권

북부권
4 충주고구려
천문과학관
남한강횟집 2
중앙탑공원+
리쿼리움
3
1 충주호(충주나루)
IN
OUT
충북내륙고속도로
남부권
N
S
괴산IC
한화리조트(수안보)+
핫스프링온천(한화리조트)
6 7 산나물식당
8
5
9
장군식당
미륵대원지

총거리 312.8km

총비용 241,480원

1일	거리(km)	산정 기준		비용(원, 2인 기준)
출발 ➡ ①	108.7	통행료	감곡IC	4,600
①	0.0	이용료	충주호(충주나루)	24,000
① ➡ ②	5.8	송어비빔회(1kg)	남한강횟집	22,000
② ➡ ③	16.6	리쿼리움입장료	중앙탑공원+리쿼리움	10,000
③ ➡ ④	4.0	입장료	충주고구려천문과학관	6,000
④ ➡ ⑤	35.3	돼지주물럭	장군식당	28,000
⑤ ➡ ⑥	0.9	패밀리형(주중)	한화리조트(수안보)	106,480
지점 합계	62.6			
합계	**171.3**			**201,080**

2일	거리(km)	산정 기준		비용(원, 2인 기준)
⑥ ➡ ⑦	0.0	온천 요금	핫스프링온천(한화)	20,000
⑦ ➡ ⑧	0.8	올갱이해장국	산나물식당	14,000
⑧ ➡ ⑨	10.7		미륵대원지	
지점 합계	11.5			
⑨ ➡ 도착	130.0	통행료	서울톨게이트	6,400
합계	**141.5**			**40,400**

★ 숙박은 시즌에 따라 가격 변동, 유류비 미포함

북부권+남부권

거리	서울 - 충주	108.7km
	경유 지점	62.6km
비용	통행+식대+관람+숙박	201,080원

첫째 날 일정의 핵심은 충주 북부의 충주호와 답사지들을 거쳐 남부 수안보에서 숙박하는 것입니다. 북부에서는 충주호 투어 그리고 문화 탐사를 목적으로 돌아볼 것이며, 힐링을 위한 온천욕은 남부 수안보에서 하겠습니다. 일정의 제목처럼 수안보온천에서의 1박 여행이라 생각하되, 충주에서 꼭 가보았으면 하는 핵심 지역만 포괄하여 1박 2일간 충주를 돌아보는 일정인 것입니다. 온천욕은 둘째 날 오전으로 해두었지만 첫째 날 저녁에 온천욕을 즐기고 싶은 분들은 숙소 내 또는 인근 온천을 다녀와도 좋을 듯합니다. 수안보에 위치한 대부분의 호텔은 자체 온천시설을 보유하고 있으나 혹시 그렇지 않은 곳에 묵는 분들은 수안보온천랜드를 다녀오면 됩니다.

 충주 　왕의 온천 수안보에서

북부권
남부권

서울
서울-중부내륙고속도로 감곡IC
AM 08:30
120분
AM 10:30

1 충주호(충주나루)
100분
PM 12:10

10분
PM 12:20
2 남한강횟집
마당가든
80분
PM 01:40

30분
PM 02:10
3 중앙탑공원+리쿼리움
(세계술박물관)
100분
PM 03:50

10분
PM 04:00
4 충주고구려천문과학관
90분
PM 05:30

50분
PM 06:20
5 장군식당
영화식당
90분
PM 07:50

10분
PM 08:00
6 한화리조트(수안보)
수안보파크호텔

남부권

거리	경유 지점	11.5km
	충주-서울	130.0km
비용	통행+식대+관람	40,400원

둘째 날 오전에는 먼저 수안보에서 온천욕을 하며 여유 있는 시간을 보내겠습니다. 점심식사로는 시원한 올갱이해장국을 맛보는 건 어떨까요? 오후에는 충주에서 가장 유명한 답사지인 미륵대원지로 향하겠습니다. MBC 드라마 <무신>을 촬영한 곳으로, 우리나라에서 유래를 찾기 힘든 오픈형 사찰이니 꼭 들러보기 바랍니다.

충주　　왕의 온천 수안보에서

남부권

숙소 or 주변 조식
AM 10:00

0분

핫스프링온천
(한화리조트)
AM 10:00

120분

수안보파크호텔 온천
AM 12:00

10분

7

산나물식당
PM 12:10

70분

청솔식당
PM 01:20

20분

8

미륵대원지
PM 01:40

60분

PM 02:40

140분

9

서울
중부내륙고속도로 괴산IC-서울
PM 05:00

충주호
(충주나루)

주소 & 연락처
충청북도 충주시 종민동 11
043-850-5114
www.chungjuho.com

요금 & 시간
이용료 어른 12,000원, 어린이 8,000원
운항 시간 하절기 09:00~16:30 / 동절기 10:00~15:00
코스 충주나루~월악나루(1시간 회항)

충주호는 내륙 지방을 여행하는 많은 사람들이 방문 1순위로 꼽는 우리나라 최대 규모의 호수입니다. 제천, 단양에서도 충주호를 접할 수 있으며, 충주에는 월악나루와 충주나루 두 곳에 선착장이 있습니다. 하지만 뭐니뭐니해도 충주호의 절경을 가장 잘 담아내고 있는 곳은 충주나루입니다.

충주호의 풍경을 멋지게 감상하기 위해서는 충주나루에서 유람선을 타는 것이 가장 좋은 방법입니다. 유람선 창밖으로 펼쳐지는 충주호의 풍경은 선착장에서 지켜본 모습과는 매우 다르며 한 폭의 아름다운 그림처럼 다가옵니다. 충주호를 방문하면 '우리나라 내륙지방에도 좋은 여행지가 많이 있구나' 하고 다시 한번 생각하게 될 것입니다.

남한강횟집

음식맛 ★★★★☆
음식양 ★★★★☆
입지 ★★★★☆
시설 ★★★★
청결 ★★★★☆
친절 ★★★★★

주소 & 연락처

충청북도 충주시 동량면
호반로 7
043-851-2544

메뉴 & 시간

송어비빔회(1kg) 22,000원, 메기매운탕(중) 40,000원, (소) 30,000원
쏘가리매운탕(중) 70,000원, 붕어비빔회(1kg) 22,000원.
향어비빔회(1kg) 20,000원
예산 2인 기준 22,000~40,000원
영업 시간 10:00~21:00

여행을 다니면서 여러 종류의 회를 먹어 보았지만 송어를 맛볼 기회는 많지 않았습니다. 때문에 송어로 유명한 남한강횟집이 있는 이번 충주 여행은 무척이나 기다려졌습니다. 남한강횟집은 충주호 인근에서 송어비빔밥으로 가장 유명한 곳으로 송어비빔밥을 1킬로그램을 주문하면 3인이 넉넉히 식사할 수 있습니다.

비빔밥 재료는 따로 나오기 때문에 먼저 회로 송어를 맛본 후 밥과 야채를 넣어 비빔밥으로 먹으면 됩니다. 한마디로 송어회와 비빔밥 두 가지 메뉴를 모두 즐길 수 있습니다. 마지막엔 매운탕까지 나오기 때문에 충주 여행의 맛집으로 남한강횟집을 추천하지 않을 수 없습니다. 착한 가격과 친절한 서비스까지, 충주호를 방문했던 많은 사람들이 남한강횟집을 찾아간 이유를 확실하게 알 수 있었습니다. 맛과 양, 입지와 시설, 청결과 친절 모두 빼어난 곳이라 꼭 다시 찾아가고 싶은 맛집입니다.

마당가든

주소 & 연락처

충청북도 충주시 동량면
지등로 441
043-851-4077
www.마당가든.kr

메뉴 & 시간

메기찜, 메기탕(소) 30,000원, 빠가사리(소) 40,000원, 쏘가리매운탕(소) 50,000원, 붕어찜(소) 30,000원
예산 2인 기준 30,000~50,000원
영업 시간 09:00~21:00

내륙에 위치한 충주에는 다른 지역에 비하여 내세울 만한 먹거리가 별로 없을 거라 생각됩니다. 하지만 충주는 수안보 지역의 꿩 요리를 비롯하여 전통한식, 충주호 인근의 매운탕까지 풍성한 음식이 준비된 도시입니다. 먹거리로 만만히 볼 지역이 아니며 나름 식도락 여행으로도 부족함이 없는 여행지입니다.

충주호에 위치한 수많은 매운탕집들 가운데 마당가든은 유독 이름을 날리는 곳입니다. 점심식사로 회를 먹기에 부담을 갖는 분들에게 마당가든을 추천합니다. 식당 2층에 오르면 멋진 강가의 풍경을 벗삼아 식사할 수 있습니다. 좋은 풍경이 있는 마당가든에서 얼큰한 매운탕을 맛보기를 바랍니다.

중앙탑공원

주소 & 연락처
충청북도 충주시 가금면
중앙탑길 112-28
043-850-3924
www.cj100.net/museum

요금 & 시간
관람료 무료
운영 시간 09:00~18:00
휴관 매주 월요일, 1월 1일,
설날/추석

문화재 정보
충주 탑평리 7층 석탑
국보 제6호
지정일 1962년 12월 20일
시대 통일신라
종류/분류 석탑, 높이 14.5m

우리나라 정중앙에 위치하여 중앙탑으로 불리는 중원탑평리 7층 석탑은 주변 경치와 잘 어우러져 있습니다. 잘 정돈된 느낌이 들며, 경치가 좋아 한 폭의 그림 같은 멋진 모습을 선사하는 곳입니다. 음악분수와 조정 경기장이 탑을 감싸고 있어 우아한 멋이 있으며 조정 경기가 열리는 기간에 방문하면 다양한 볼거리를 경험하게 될 것입니다.

경주에서 주로 보았던 고신라시대의 탑에 익숙한 분들은 중앙탑의 압도적인 규모와 주변 환경에 놀랄 수도 있습니다. 통일신라시대 탑 중에서도 보기 힘든 7층 석탑으로 불국사탑과 비교해도 문화적인 가치에서 전혀 뒤지지 않는 문화재이니 이번 기회에 통일신라의 문화를 충주에서 접해보기 바랍니다. 탑과 멀지 않은 곳에 위치한 충주박물관은 규모는 작지만 여러 가지 민속품과 불교 미술품을 전시하고 있습니다. 과거의 일부분을 한 페이지를 살펴보는 좋은 경험이 될 것입니다.

리쿼리움
(세계술박물관)

주소 & 연락처

충청북도 충주시 가금면
탑정안길 12
043-855-7333
www.liquorium.com

요금 & 시간

입장료 어른 5,000원, 어린이 4,000원
운영 시간 10:00~18:00
휴관일 매주 목요일, 1월 1일, 설날/추석 전날과 당일

리쿼리움 전면에는 조정 경기장, 후면은 중앙탑공원이 위치하고 있습니다. 단독으로 이곳만 보러 올 것을 추천하기에는 무리가 있지만, 중앙탑공원을 방문한다면 조금 더 시간을 내어 리쿼리움까지 방문하면 답사와 체험 모두를 경험하는 좋은 일정이 되리라 생각됩니다.

리쿼리움은 우리나라뿐만 아니라 전 세계의 술에 관한 정보를 한눈에 볼 수 있는 술박물관입니다. 중앙탑과 충주박물관을 관람하고 조정 경기장까지 둘러본 후, 또 다른 여행의 추억을 위해 방문하면 좋을 것 같습니다. 리쿼리움 관람 후에는 주변 음식점에서 맛있는 식사를 하면 더욱 좋은 일정이 될 것입니다.

충주고구려
천문과학관

주소 & 연락처
충청북도 충주시 가금면
묘곡내동길 100
043-842-3247
www.gogostar.kr

요금 & 시간
입장료 어른 3,000원, 청소년 2,000원, 어린이 1,000원
부대 시설 이용료 천체투영실 1인 500원
운영 시간 14:00~22:00
휴관일 매주 월요일, 명절, 공휴일 다음날

망원경으로 보아야 보이는 신비로움, 승용차가 있어야만 올라갈 수 있는 언덕. 하늘에서 빛나는 별들을 보기 위해선 나름대로의 노력이 필요합니다. 별자리를 제대로 보기 위해선 날씨 운이 매우 중요합니다. 별은 날씨가 갑자기 추워질 때, 특히 겨울철 한파주의보가 발효될 때 가장 잘 보입니다. 충주 여행중에 충주고구려천문과학관을 찾아가보는 것은 어떨까요?

　　아직 하늘이 어두워지지 않아 천문과학관 방문을 망설이는 분들도 있을 것입니다. 하지만 충주고구려천문과학관은 꼭 밤에 방문하지 않아도 우주를 감상할 수 있는 시설들이 마련되어 있으니 걱정하지 않고 방문해도 좋습니다. 아이들과 함께하는 여행자가 아니어도 다양한 프로그램과 훌륭한 경관을 즐길 수 있는, 좋은 추억의 장소가 될 것입니다. 주변에는 중앙탑, 고구려비 등 역사문화 유산들이 있어서 천문과학관을 둘러보는 것뿐만 아니라 백제 역사도 함께 보고 즐기면 더욱 유익한 여행이 될 것입니다.

충주고구려천문과

장군식당

음식 맛	★★★★☆
음식 양	★★★★☆
입지	★★★★☆
시설	★★★★
청결	★★★★☆
친절	★★★★★

주소 & 연락처
충청북도 충주시 수안보면
장터1길 22
043-845-8737

메뉴 & 시간
돼지주물럭+된장정식(1인) 14,000원, 산채비빔밥 7,000원,
꿩 샤브 코스(2인) 60,000원, 꿩불고기 20,000원
예산 2인 기준 28,000~60,000원
영업 시간 06:00~24:00

수안보 식당가에 가면 꿩 요리를 가장 많이 만나게 됩니다. 예전부터 수안보 지역에 꿩 농장이 많이 있었기 때문에 지금도 꿩 요리 전문점이 많습니다. 그중에서도 장군식당을 추천합니다. 수안보 꿩 요리 전문점 중에서 최고의 요리를 맛볼 수 있는 곳으로 이곳의 꿩 요리는 여행지에서 갖게 되는 새로운 음식에 대한 기대감과 신선함을 충분히 만족시켜줍니다.

꿩 샤브 코스는 육회, 꼬치, 만두 등 다양한 메뉴로 구성되어 있습니다. 꿩은 즉석에서 조리되며 꿩은 물론 모든 재료들이 최상의 상태를 유지하고 있습니다. 꿩 요리는 다소 생소하지만, 직접 맛보니 단연 여행지에서 맛볼 수 있는 최고의 별미였습니다. 가격이 다소 부담스러울 수 있지만 절대 후회하지 않을 것입니다. 만약 꿩고기가 부담스러운 분들은 이곳에서 돼지주물럭을 맛보아도 좋습니다. 얼리지 않은 생고기와 싱싱한 채소들을 사용하고, 밑반찬 또한 다양하여 메인 꿩 요리 못지않은 맛을 자랑합니다.

영화식당

음식 맛	★★★★
음식 양	★★★★
입지	★★★★
시설	★★★★
청결	★★★★
친절	★★☆

주소 & 연락처

충청북도 충주시 수안보면
온천리 282-1
043-846-4500

메뉴 & 시간

산채정식 14,000원, 자연산버섯전골 15,000원, 불고기 15,000원,
더덕구이 15,000원, 된장찌개 7,000원
예산 2인 기준 14,000~28,000원
영업 시간 08:00~21:00

이 지역 주민들에게 한정식으로 유명한 식당이 어디냐고 물으니 대부분 영화식당을 꼽았습니다. 영화식당은 그만큼 음식 맛으로 지역 주민들에게 사랑을 받고 있는 믿을 수 있는 곳입니다. 식당 내부는 깔끔하고 넓어 많은 분들이 방문해도 쾌적함을 느낄 수 있습니다.

산채정식을 주문하면 각종 산나물과 불고기, 된장찌개, 더덕구이 그리고 20여 가지 이상의 밑반찬이 나옵니다. 이름을 처음 들어보는 나물들까지 다양하게 밑반찬으로 나오고, 접시에 나물 이름이 적혀 있기 때문에 이름을 확인하며 맛보는 재미도 쏠쏠합니다. 또한 이 식당에서 직접 산나물을 캐서 음식 재료로 사용하기 때문에 신선한 맛을 즐길 수 있습니다. 수안보 상록호텔 맞은편 골목에 위치하며 주차는 식당 대각선 방면 무료 공용주차장을 이용하면 됩니다.

한화리조트
(수안보)

룸 상태	★★★★
데스크	★★★★
입지	★★★★
시설	★★★

주소 & 연락처 〰〰〰〰〰〰

충청북도 충주시 수안보면
수안보로 321-36
043-846-8211
www.hanwharesort.co.kr

요금 & 시간 〰〰〰〰〰〰

패밀리형(5인+2인) 주중 106,480원, 주말 261,360원
로얄형(7인+2인) 주중 181,500원, 주말 444,070원
추가 인원 5,000원
입실 시간 15:00 / **퇴실 시간** 11:00

훌륭한 여행지가 되기 위한 가장 중요한 조건은 무엇일까요? 맛집? 문화재? 저는 가장 중요한 조건이 숙박이 아닐까 생각합니다. 만족할 만한 숙박지를 찾기 위해서는 시설이 좋지만 터무니없이 비싼 곳이거나 가격이 저렴하지만 시설이 떨어지는 곳을 선택해서는 안 될 것입니다. 수안보에는 수많은 숙박지가 있지만 여행객들이 만족할 만한 숙박지는 딱 두 곳이 떠오릅니다. 그중 하나가 한화리조트 수안보입니다. 호텔 수준의 시설을 갖추고 있는 것은 아니지만 온천욕을 즐기며 하룻밤을 보내기에 부족함이 없는 리조트입니다.

객실 전면으로는 수안보의 아름다운 전경을 바라볼 수 있으며, 아침에 일어나 리조트 밖으로 나와 보면 그 상쾌함이 더욱 깊이 느껴집니다. 체크인할 때 온천 이용권과 조식 티켓을 미리 구매하면 더욱 편리하게 리조트를 이용할 수 있습니다.

수안보파크호텔

주소 & 연락처
충청북도 충주시 수안보면
탑골 1길 36
043-846-2331
www.suanbopark.co.kr

요금 & 시간
디럭스 트윈·디럭스 온돌 178,000원(투숙객 노천온천사우나 60% 할인)
추가 인원 15,000원
입실 시간 14:00 / **퇴실 시간** 12:00

수안보파크호텔은 앞서 소개한 한화리조트 외에 수안보에서 만족할 만한 두번째 숙박지입니다. 객실의 전면으로 수안보 전체를 조망할 수 있으며 가격 대비 깔끔한 시설로 수안보를 여행할 때 선택할 만한 호텔입니다. 한화리조트가 자체적으로 온천욕을 즐기기에 좋은 시설을 갖춘 리조트라면, 이곳 수안보파크호텔은 '성봉채플'이라는 색다른 볼거리가 있는 특별한 곳입니다. 주차장 전면에 위치한 산책로를 따라 조금 내려가면 전국에서도 아름답기로 손꼽히는 성봉채플이 있습니다.

다음날 아침, 산책 삼아 성봉채플을 꼭 방문해보기 바랍니다. 주말에 찾아온 분들은 예배에 참여할 수도 있습니다. 또한 수안보파크호텔에는 한국도자기에서 운영하는 도자기 체험교실도 있으니 아이들과 함께 찾아온 분들은 참여해보아도 좋을 것입니다.

가치 ★★★★
입지 ★★★★

핫스프링온천
(한화리조트)

주소 & 연락처 ┄┄┄┄┄┄┄

충청북도 충주시 수안보면
수안보로 321-36
043-848-0894
www.hanwharesort.co.kr

요금 & 시간 ┄┄┄┄┄┄┄

입장료 어른 10,000원, 어린이 7,000원(투숙객 3,000원 할인)
운영 시간 06:30~21:00

한화리조트에서 운영하는 핫스프링온천은 수안보에서 갈 수 있는 온천 중 가장 좋은 시설을 갖추고 있습니다. 규모는 조금 작지만 최신 시설을 갖추고, 서비스도 좋아 찾아가는 분들이 대단히 만족하는 온천입니다.

수안보는 조선시대 왕들이 찾아왔던 온천입니다. 잠깐만 물에 몸을 담그고 있어도 다른 온천과는 확연히 다르다는 것을 느낄 수 있을 겁니다. 특히 충주시에서 직접 온천수를 관리하고 공급하기 때문에 전국 최고의 온천이라고 해도 틀린 말이 아닐 것입니다.

주말에는 사람들이 많을 수 있으니 이번 일정에서 제안한 것처럼 일정 둘째 날 오전에 찾아가면 좀더 여유 있게 온천을 즐길 수 있습니다. 한화리조트 숙박객들은 체크인할 때 온천 할인 티켓을 미리 구매해서 이용하기 바랍니다.

수안보파크호텔 온천

주소 & 연락처
충청북도 충주시 수안보면
탑골 1길 36
043-846-2331
www.suanbopark.co.kr

요금 & 시간
입장료 어른 12,000원, 어린이 5,000원
(투숙객 어른 5,000원, 어린이 3,000원)
운영 시간 06:30~21:00

수안보파크호텔에서 1박을 한 분들은 오전시간을 어떻게 보낼지 고민할 필요가 없습니다. 조금만 움직이면 수안보파크호텔 내에 위치한 훌륭한 온천에서 온천욕을 즐길 수 있기 때문입니다. 온천욕 후에는 주차장 전면에 위치한 산책로를 따라 내려가 성봉채플을 감상해도 좋습니다. 온천욕이야 말로 힐링 여행의 결정판입니다. 수안보파크호텔 온천장에서 수안보 온천의 명성을 확인하고 힐링 여행을 제대로 즐겨보기 바랍니다.

산나물식당

음식 맛	★★★★☆
음식 양	★★★★
입지	★★★★
시설	★★☆
청결	★★☆
친절	★★★★

주소 & 연락처

충청북도 충주시 수안보면
주정산로 19
043-848-2147

메뉴 & 시간

올갱이해장국 7,000원, 산채비빔밥 6,000원, 된장정식 7,000원,
버섯전골 20,000원
예산 2인 기준 14,000~20,000원
영업 시간 08:30~20:00

산과 강이 있는 여행지를 다니면서 소문난 해장국집은 거의 다녀 보았지만 이곳 산나물식당만큼 훌륭한 올갱이해장국은 맛보지 못했습니다. 맛도 좋지만 특히 푸짐한 양이 인상적인 곳입니다. 길게 설명하기보다는 음식 사진을 보면 해장국에 들어가는 올갱이의 양이 상상 초월이라는 것을 알 수 있습니다. 해장국에 들어가는 모든 올갱이는 주인이 직접 잡은 것을 사용하기 때문에 아주 신선합니다. 산채비빔밥과 된장정식도 많은 손님들이 찾는 메뉴이니 가족들과 산뜻한 온천욕 후 부담 없는 식사를 즐기기 바랍니다.

음식맛 ★★★★
음식양 ★★★★
입지 ★★★★
시설 ★★★
청결 ★★★★
친절 ★★★

청솔식당

주소 & 연락처

충청북도 충주시 수안보면
장터2길 20
043-846-6373

메뉴 & 시간

산채정식 15,000원, 버섯전골 14,000원, 돌솥비빔밥 8,000원, 산채비빔밥 7,000원

예산 2인 기준 14,000~28,000원

영업 시간 08:00~21:00

수안보는 유명한 관광지인 만큼 산채정식을 하는 식당이 많습니다. 그중에서 가장 유명한 곳은 첫째 날 저녁식사로 추천했던 영화식당입니다. 청솔식당은 영화식당에 비하면 조금 덜 알려져 있지만 깔끔하고 친절하다는 소문이 나기 시작하면서 최근 수안보에서 가장 떠오르는 한식당이 되었습니다. 둘째 날 점심식사로는 약간 부담이 되는 한정식보다는 가볍게 산채정식을 주문하면 비싸지 않은 가격에 만족할 만한 식사를 할 수 있습니다. 주차는 수안보 식당가 중앙의 무료 주차장을 이용하면 됩니다.

미륵대원지

주소 & 연락처
충청북도 충주시 상모면
미륵리 58
043-856-3987

요금
입장료 무료

문화재 정보
사적 제317호
수량/면적 80,454㎡
지정일 1987년 7월 18일
시대 통일신라

충주 수안보에서 온천욕을 즐긴 뒤에는 반드시 미륵대원지를 방문해볼 것을 추천합니다. 미륵리사지로 알려져 있지만 공식 명칭은 '미륵대원지'이니 찾아갈 때에 참고하기 바랍니다.

충주는 우리나라 중심에 위치하여 고대에서부터 중요한 지역이었습니다. 단순히 국토의 중심이라는 의미가 아니라 고대 국가들의 교두보 역할을 하였기 때문입니다. 그만큼 다른 지역에서는 찾아보기 힘든 독특한 삼국시대의 문화재가 이곳에 있습니다. 거대 불상을 세우고 주변 석재를 이용하여 사찰을 구성한 방식은 신라 석굴암의 흐름을 잇고, 고구려의 기상과 백제의 섬세함까지 남아 있는 중세 최고의 문화재가 바로 미륵대원지임을 증명해줍니다.

봉화
청량산에 오르다

문경
◆ 문경새재 답사 ◆

안동
⫸ 사색 여행 ⫷

울진
영덕
포항
경주
울산
부산
김해
창원
통영
진주
합천
거창
대구
구미
김천

경상도

문경   문경새재 답사

평소 바다 또는 유명한 산으로의 여행만 고집했던 분들도 언젠가부터 조금씩 색다른 콘셉트로 다양한 체험과 힐링 효과가 있는 여행지를 찾기 시작했습니다. 그런 분들에게 기존에 접해보지 않았을 법한 내륙 지방 여행을 추천하는데 특히 문경에 다녀오신 분들의 만족도가 높습니다. 우선 생각보다 차가 막히지 않고 금방 도착해 가깝게 느껴졌으며, 담백한 먹거리가 좋았고, 사람들이 몰리지 않는 경유지들은 분위기가 한적하여 여유 있는 여행을 할 수 있었기 때문입니다.

　이번 기회에 문경새재를 가족들과 함께 온천 여행과 답사, 체험의 콘셉트로 다녀오는 것은 어떨까요? 이번 여행에서는 한국의 아름다운 길 3위를 차지한 문경새재를 중심으로 주변의 아름다운 경관 체험지를 1박 2일에 걸쳐 둘러보고 돌아갈 수 있게 했습니다. 멀리 바다와 산이 아니어도 우리나라 내륙 지방에는 문경과 같이 유서 깊은 여행지가 많이 있습니다.

문경   문경새재 답사

1일 ①➡⑥ 북부권
2일 ⑦➡⑨ 중부권

총거리 331.0km

총비용 228,000원

1일	거리(km)	산정 기준		비용(원, 2인 기준)
출발 ➔ 1	145.3	통행료	연풍IC	7,600
1	0.0		도자기박물관+유교문화관	
1 ➔ 2	2.4	비빔밥 코스 A	문경산채비빔밥	18,000
2 ➔ 3	0.3	입장료+주차료	문경새재도립공원+KBS오픈세트장	2,000
3 ➔ 4	5.3	온천 요금	문경종합온천	12,000
4 ➔ 5	3.3	등심 2인분	문경약돌한우타운	36,000
5 ➔ 6	8.2	패밀리형(주중)	문경새재리조트	95,000
지점 합계	19.5			
합계	**164.8**			**170,600**

2일	거리(km)	산정 기준		비용(원, 2인 기준)
6 ➔ 7	14.0		고모산성	
7 ➔ 8	4.5	진남매운탕	진남매운탕	35,000
8 ➔ 9	0.6	자전거 요금	철로자전거 진남역	15,000
지점 합계	19.1			
9 ➔ 도착	147.1	통행료	서울톨게이트	7,400
합계	**166.2**			**57,400**

★ 숙박은 시즌에 따라 가격 변동, 유류비 미포함

북부권

거리	서울-문경	145.3km
	경유 지점	19.5km
비용	통행+식대+관람+숙박	170,600원

문경의 북부 지역은 문경새재, 문경온천 그리고 박물관이 함께 있어 답사, 온천, 체험 등의 다양한 경험을 할 수 있습니다. 그 지점들이 가까이에 모여 있어 일정도 효율적으로 보낼 수 있습니다. 멀리 산과 바다만 찾아 갈 것이 아니라 이번 기회에 내륙 지방으로의 멋진 여행을 떠나보기를 바랍니다.

먼저 문경새재 입구에 위치한 우리 문화 체험의 장소에 들르겠습니다. 그후 이번 여행의 핵심 중 하나인 맛집에 들러 산행 전 체력을 단단히 보충하겠습니다. 문경새재 산행 후에는 온천욕을 즐기겠고, 저녁식사로는 약돌한우를 맛보겠습니다. 전반적인 흐름이 관람과 체험, 휴식과 보충으로 이어지기에 거의 이상적인 여행이 되지 않을까 생각됩니다.

서울 서울-중부내륙고속도로 연풍IC AM 08:30

120분

AM 10:30

1 문경도자기박물관+
문경유교문화관 60분

AM 11:30

10분

AM 11:40

2 문경산채비빔밥 70분

새재왕건집 PM 12:50

10분

PM 01:00

3 문경새재도립공원
(주흘관~교귀정)
+KBS오픈세트장 180분

PM 04:00

20분

PM 04:20

4 문경종합온천 120분

PM 06:20

10분

PM 06:30

5 문경약돌한우타운 90분

PM 08:00

20분

PM 08:20

6 문경새재리조트 

아트인에버애프터펜션

중부권

거리	경유 지점	19.1km
	문경 – 서울	147.1km
비용	통행+식대+관람	57,400원

둘째 날은 문경새재를 조금 벗어나 남부로 이동하여 진남역 부근에서 시간을 보내겠습니다. 문경의 핵심 관광지 중 하나인 진남역은 철로자전거 체험과 진남교반, 고모산성 등 먹거리와 볼거리가 풍성합니다.

중부권

숙소 or 주변 조식
AM 10:00
30분
AM 10:30

7 고모산성
70분
AM 11:40

10분
AM 11:50

8 진남매운탕
영남매운탕
80분
PM 01:10

10분
PM 01:20

9 철로자전거 진남역
60분
PM 02:20

150분

서울 중부내륙고속도로 문경새재IC-서울
PM 04:30

문경
도자기박물관

주소 & 연락처
경상북도 문경시 문경읍
문경대로 2416
054-550-6416
dojagi.gbmg.go.kr

요금 & 시간
입장료 무료
도자기 체험(예약제) 자유성형, 물레성형, 핀칭, 코일링, 판성형,
초벌그림 그리기 과정 이용료 10,000원, 택배비 별도
운영 시간 3~6월 09:00~18:00 / 11~2월 09:00~17:00
휴관일 매주 월요일, 1월 1일, 설날, 추석

예로부터 문경 지역은 도자기를 굽는 데 적절한 자연 조건을 갖추고 있어 도자기 생산으로 유명한 고장이었습니다. 도자기전시관은 문경 도자기의 역사부터 도자기를 제조하는 과정 그리고 국내외 도예작가들의 작품을 전시하고 있어 문경을 방문하는 여행객들에게 문경을 알리는 중요한 장소가 되고 있습니다.

문경도자기박물관은 문경새재로 들어가는 길목에 위치해 있어, 새재로 본격적인 여행을 떠나기 전에 체험의 시간으로 좋을 것입니다. 문경도자기박물관 뒤쪽에는 전통도자기체험장이 있어 직접 도자기를 만들어볼 수 있으니 아이들이 있는 가족 여행이라면 함께 참여하는 것도 좋습니다. 단, 도자기 체험은 예약제로 운영되고 있으며 이 체험에 참여할 분들은 시간을 고려하여 다음 경유지로 추천한 문경유교문화관을 그냥 넘어가도 좋습니다.

문경
유교문화관

주소 & 연락처
경상북도 문경시 문경읍
문경대로 2416
054-550-6769
yugyo.mungyeong.net

요금 & 시간
입장료 무료
운영 시간 3~6월 09:00~18:00
　　　　　　11~2월 09:00~17:00
휴관일 매주 월요일, 1월 1일, 설날, 추석

'문경' 하면 문경새재가 가장 먼저 떠오릅니다. 누구나 한 번쯤 들어봤을 법한, 또 한 번쯤 가봤을 법한 문경새재이지만 이곳이 어떤 역사적 의미를 가지는지에 대해서는 잘 알지 못하는 분들이 많습니다. 문경새재는 유교 문화라는 틀 안에서 한양으로 과거 시험을 보러 가기 위한 양반들의 피나는 노력의 마지막 관문이었습니다. 이에 관한 수많은 유적과 기록들이 남아 있습니다.

　　때문에 문경새재를 제대로 알고 느끼기 위해서는 이곳 유교문화관에서 그에 관한 사전 지식을 얻는 것이 진정한 여행의 순서입니다. 문경유교문화관은 문경새재와 관련된 유교 문화를 한눈에 살펴볼 수 있도록 잘 꾸며져 있습니다. 다양한 모형, 영상, 구조물들이 전시되어 있어 유교 문화를 잘 알지 못하는 사람들이 과거의 한 부분을 경험해볼 수 있는 좋은 기회가 될 것입니다.

문경
산채비빔밥

주소 & 연락처

경상북도 문경시 문경읍
새재로 913-14
054-571-3736

메뉴 & 시간

문경산채비빔밥 코스 A 9,000원, 문경산채비빔밥 코스 B 20,000원,
문경산채비빔밥 코스 C 30,000원
예산 2인 기준 18,000~60,000원
영업 시간 11:00~18:30 / 예약 필수

유명 관광지의 식당들이 대부분 그러하듯 문경새재에 위치한 음식점들 또한 크게 다르지 않은 메뉴와 품질로 여행자에게 큰 고민을 안겨줍니다. 문경에서 그런 고민을 하는 분들께는 문경산채비빔밥을 추천하곤 합니다.

관광지의 산채비빔밥은 보통 밥과 찌개, 나물들로 한 상 가득 차려지는 것을 떠올리지만, 이곳의 산채비빔밥은 메뉴 구성 자체가 다릅니다. 코스로 나오는 산채비빔밥은 서울 여느 한식집에 비교해도 절대 뒤지지 않을 만큼 맛이 빼어납니다. 문경새재 산행 후 제대로 된 식사를 하고 싶다면 두말없이 문경산채비빔밥을 찾아가보기 바랍니다. 문경산채비빔밥은 문경시에서 직접 운영하는 곳으로, 예약제로 운영되기 때문에 미리 예약을 하고 식당을 방문하는 것이 좋습니다. 찾아가기 어려운 편이지만 문경새재썰매장이나 문경유스호스텔을 먼저 찾으면 좀더 쉽게 찾을 수 있습니다.

새재왕건집

주소 & 연락처

경상북도 문경시 문경읍
새재로 926
054-571-8857

메뉴 & 시간

산채비빔밥 6,000원, 더덕구이 10,000원, 왕건정식(2인 이상) 15,000원, 능이버섯전골 (소) 30,000원, 고등어구이·조림 10,000원
예산 2인 기준 12,000~30,000원
영업 시간 08:30~20:00

새재왕건집은 문경새재에 위치한 수많은 식당들 중에서도 단연 돋보이는 곳입니다. 이곳을 추천하는 이유는 이곳이 문경의 대표 음식인 약돌돼지 양념석쇠구이를 제대로 하는 몇 안 되는 식당 중 하나이기 때문입니다. 두툼한 약돌돼지를 숯불로 즉석에서 구워 자리에 앉아 있으면 고기향이 먼저 식욕을 자극합니다. 도톰한 고기에는 양념이 적절하게 배어 있고 잘 태운 장작으로 돼지고기를 굽기 때문에 기름이 쫙 빠져 고기 맛이 아주 담백합니다.

2인 이상 주문할 수 있는 왕건정식은 석쇠구이, 더덕구이, 고등어구이를 모두 맛볼 수 있으며 공깃밥과 된장찌개까지 포함되어 나오기 때문에 따져보면 가격도 생각보다 비싸지 않습니다. 문경새재도립공원 입구 쪽에 위치해 있어 쉽게 찾을 수 있습니다.

문경새재
도립공원

주소 & 연락처
경상북도 문경시 문경읍
새재로 932
(관리사무소) 054-571-0709
saejae.gbmg.go.kr

요금 & 시간
입장료 무료
주차료 경차 1,000원
     승용차 2,000원
     대형차 4,000원

산책로 정보
제1관문 - 교귀정(1.5) -
2관문(3.0) - 동화원터(5.3) -
3관문 (6.5km / 2시간 소요)

한국관광공사에서 선정한 '한국의 아름다운 길'에서 당당히 3위를 차지한 '문경새재길'은 한마디로 "사람들이 걷고 싶어 하는 길의 모든 조건을 갖추고" 있습니다. 코끝을 자극하는 식당들의 유혹을 뒤로하고 문경새재길 입구에 들어서면 먼저 옛길박물관이 맞아줍니다. 잠시 숨을 돌리고 넓게 펼쳐진 주흘관을 향해 가다보면 어느새 도심에서 찌들었던 마음이 사라지고 있는 게 느껴집니다.

개울을 따라 펼쳐진 새재길을 오르면 밀려오는 근육통에 그만 돌아갈까라는 생각도 들지만 새재길 중간중간 마주하게 되는 옛 선조들의 발자취를 따라가다보면 어느덧 관찰사 취임식이 진행되었던 교귀정에 이르게 됩니다. 교귀정까지 가는 길에서 만나게 되는 KBS오픈세트장은 잠시 미뤄두었다가 내려올 때 방문하면 새재길에 좀더 집중하며 오를 수 있습니다. 다음 일정을 생각해서 제2관 조곡관까지 가는 열정은 조금 자제하는 것도 좋을 것 같습니다.

문경새재 과거 길

KBS
오픈세트장

전국에 산재해 있는 여러 드라마 세트장이 관리 부실로 엉망인 데 반해 이곳 KBS오픈세트장은 현재도 다양한 사극이 촬영되고 관리, 유지가 잘 되고 있습니다. 규모 면에서도 다른 지역의 사극 세트장과는 비교가 되지 않을 만큼 크기 때문에 고민 끝에 입장료를 지불하고 방문한 분들을 실망시키지 않을 것입니다.

KBS오픈세트장은 조선시대 사대문 안을 그대로 옮겨놓은 듯, 단지 계획이 잘 되어 있어 방문객들에게 수준 높은 볼거리를 제공하고 있습니다. 기왕 문경새재까지 왔으니 문경오픈세트장까지 둘러보는 것이 문화 탐방의 일석이조 효과를 누리는 좋은 방법이 되리라 생각합니다.

문경
종합온천

주소 & 연락처
경상북도 문경시 문경읍
온천2길 24
054-571-2002
www.mgspring.com

요금 & 시간
입장료 어른 6,000원, 어린이 5,000원, 찜질복 2,000원
운영 시간 찜질방 24시간 / 온천 06:00~22:00

문경종합온천은 잘 알려진 온천은 아니지만 최근 힐링 열풍에 힘입어 문경을 방문하는 여행객들의 필수 코스로 각광받고 있습니다. 유명한 관광지의 온천 지구처럼 시설이 매우 뛰어난 것은 아니지만 여유롭게 온천욕을 즐기기엔 충분합니다. 외부에 자그마한 노천탕이 설치되어 있어 겨울철에도 외부 풍경을 보며 온천욕을 즐길 수 있습니다.

이곳의 온천수는 특히 황토색을 띠는 중탄산칼슘 온천수와 국내 온천에서는 보기 드문 유리탄산을 함유하지 않은 양질의 보양천으로 피부 미용과 각종 질환에 도움이 됩니다. 가족, 친구들과 함께 문경종합온천에 방문하여 여행의 피로도 풀고 건강도 얻어가기를 바랍니다.

문경약돌
한우타운

주소 & 연락처

경상북도 문경시 문경읍
문경대로 2426
1588-9075
www.문경약돌한우타운.kr

메뉴 & 시간

꽃등심(120g) 24,000원, 등심(120g) 18,000원, 갈비살(120g) 20,000원, 육회비빔밥 12,000원, 떡갈비(100g) 9,000원, 새재모둠 (120g) 15,000원, 육회(300g) 12,000원

예산 2인 기준 36,000~48,000원

영업 시간 10:30~21:30

전국에는 한우로 유명한 지역이 많지만, 그중에서도 문경은 한우 하면 빼놓을 수 없는 진짜 한우의 고장입니다. 문경한우의 대표라 할 수 있는 '약돌한우'는 돌을 갈아서 만든 특별한 약돌사료로 키워낸 문경 지역의 한우를 가리키는 말입니다. 약돌한우는 일반 한우에 비해 뛰어난 육질을 지니고 있습니다.

문경약돌한우타운은 50년간 고집해온 맛을 이어오고 있습니다. 또 문경 지역에서 가장 규모가 크고 인테리어 또한 깔끔해 많은 사람들이 찾아가는 약돌한우 전문점입니다. 약돌한우와 일반한우가 뭐가 다를까 생각할 수도 있으나 약돌한우의 육질이 확실히 좀더 연하고 부드러우며 고기향이 입안에 더 오래 남습니다. 문경약돌한우를 감히 전국 최고의 한우라 말하고 싶은 마음이 들 정도였습니다. 방문할 계획이 있다면, 1층은 철판에, 2층은 석쇠에 고기를 구워먹을 수 있다는 점을 참고하면 좋을 듯합니다.

문경새재
리조트

주소 & 연락처
경상북도 문경시 문경읍
웰빙타운길 7-12
054-572-5100
www.mgle.co.kr

요금 & 시간
패밀리형(4인) 비수기 95,000원~145,000원, 성수기 200,000원
스위트형(6인) 비수기 155,000원~225,000원, 성수기 280,000원
추가 인원 10,000원
입실 시간 14:00 / **퇴실 시간** 12:00

여행을 계획할 때 가장 먼저 고민하는 부분은 역시 숙소입니다. 숙소의 경우 비용 문제 등을 고려할 때 쉽게 결정하기 어렵기 때문입니다. 문경이 워낙 좋은 여행지이지만 강력하게 1박 2일 여행을 제안할 수 있었던 이유는 매우 만족할 만한 숙소를 발견했기 때문입니다.

문경새재리조트에서 하룻밤을 지내본 결과 방의 상태에서부터 데스크의 친절도, 가격 대비 성능까지 모두 수준급이었습니다. 실내 인테리어도 아주 깔끔하고 넓은 주방과 샤워부스까지 잘 갖추어져 있었습니다. 문경새재에서 거리도 적당합니다. 대규모 리조트에 최신식 시설을 갖추고 있는 문경새재리조트는 문경 여행의 숙소에 대한 고민을 한층 덜어줄 것입니다.

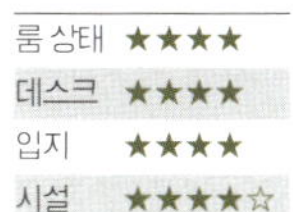

아트인
에버애프터

주소 & 연락처

경상북도 문경시 문경읍
주흘로 241-14
010-6211-4643
www.everafterps.com

요금 & 시간

퍼스트스텝(2인) 비수기 80,000원~120,000원, 성수기 150,000원
써니뷰(2인) 비수기 80,000원~120,000원, 성수기 150,000원
비팅하트(2인+2인, 스파) 비수기 130,000원, 성수기 220,000원
추가 인원 15,000원
입실 시간 15:00 / **퇴실 시간** 12:00

화려한 색상으로 꾸며져 있고 아기자기하고 감각적인 인테리어를 볼 수 있는 아트인에버애프터 펜션은 총 7개의 객실로 구성되어 있습니다. 스파가 있는 방들도 있으니 방을 선택할 때 고려하면 좋습니다. 최근 리모델링을 통해 새롭게 단장했는데, 방마다 테마를 주고 깔끔한 인테리어를 적용해 여성들에게 인기를 얻고 있습니다. 방 한쪽에 자리잡은 스파는 여행의 피로를 풀기에 매우 좋습니다. 이곳에는 다양한 DVD가 구비되어 있어 숙소에서 쉬는 사이 영화를 볼 수도 있습니다. 음식을 직접 하는 분들이 이용할 수 있게 기본 양념 재료도 제공하고 있습니다.

고모산성

주소 & 연락처
경상북도 문경시 마성면
신현리 79
(문화관광과) 054-550-6394

요금
입장료 무료

문화재 정보
시대 신라
형식/규모 포곡식, 내외겹축
길이 1,300m,
면적 131,220㎡

고모산성을 관람하는 데에는 두 가지 방법이 있습니다. 우선 차는 고모산성 주차장에 세워둡니다. 첫번째 방법은 성문에서 성곽길을 따라 멀리까지 올라가 진남의 경관과 옛 성곽의 정취를 느끼는 것입니다. 두번째 방법은 성문에서 진남교까지 걸어 내려와 진남철교를 걸어가보는 것입니다. 특히 진남교를 걷는 일은 잊지 못할 추억이 될 것이라 자부합니다. 체력이 좋은 분들이라면 산성을 통과하여 진남교까지 가는 두 가지 루트를 모두 따라가본다면 더욱 특별한 고모산성을 느낄 수 있을 것입니다.

고모산성은 옛 성곽의 원형을 잘 보존하고 있어 당시 산성 축조에 얼마나 많은 공력이 들어갔는지 짐작할 수 있습니다. 물론 전국에 여러 산성이 존재하지만 문경에서 꼭 고모산성의 아름다운 전경과 진남교의 만남을 즐겨보기를 바랍니다.

진남매운탕

주소 & 연락처

경상북도 문경시 마성면
진남1길 210
054-552-8888

메뉴 & 시간

진남매운탕(소) 35,000원, 메기매운탕(소) 30,000원,
수제돈가스(음료수 포함) 9,000원, 잡어매운탕(소) 35,000원,
쏘가리매운탕(소) 60,000원, 새재모둠(120g) 15,000원,
자연산버섯전골(소) 35,000원
예산 2인 기준 35,000~60,000원
영업 시간 09:00~24:00

진남교를 한눈에 바라볼 수 있는 진남매운탕은 문경을 대표하는 유명 맛집입니다. 문경에서는 매콤하고 얼큰한 매운탕은 바람 불고 추운 겨울철 보양식으로 즐기곤 합니다. 하지만 꼭 그런 날이 아니어도 문경에 왔다면 진남매운탕의 매운탕을 꼭 맛보기를 권합니다.

낙동강 상류 물고기를 오랜 시간 얼큰하게 끓인 매운탕은 국물 맛이 정말 끝내줍니다. 음식 양 또한 풍성해 여러 사람이 먹어도 배부르게 식사할 수 있습니다. 날씨 좋은 날이라면 야외 테라스에서 식사를 해볼 것을 추천합니다. 감동이 배가 될 것입니다.

진남매운탕에서 일하는 모든 분들이 매우 친절하여 더욱 기분이 좋았습니다. 직접 만든 50년 전통의 고추장도 판매하고 있으니 참고 바랍니다. 철로자전거 진남역 부근에 위치하고 있어서 자전거 여행을 시작하기 전 방문해도 좋습니다.

영남매운탕

주소 & 연락처

경상북도 문경시 마성면
진남1길 185
054-552-9868

메뉴 & 시간

잡어매운탕(소) 30,000원, 돈가스 6,000원, 메기매운탕(2인)
25,000원, 장어구이 30,000원, 물고기조림(소) 20,000원
예산 2인 기준 25,000~30,000원
영업 시간 09:00~24:00

진남교에 왔으니 매운탕은 꼭 먹고 가야 한다고 주장해봅니다. 진남교반에는 여러 매운탕집이 있기 때문에 그중에서 어디를 가면 좋을지 고민하는 분들에게 자주 추천하는 곳이 바로 영남매운탕입니다. 입구에는 영남매운탕의 역사를 알 수 있는 사진들이 걸려 있고 주변 분위기가 고즈넉하여 편안한 느낌으로 식사를 할 수 있는 곳입니다.

잡어매운탕은 걸쭉한 국물 맛이 일품이고, 양 또한 충분하여 부족함 없이 식사할 수 있습니다. 매운탕을 다 먹은 후 수제비와 라면 사리를 추가해도 좋습니다. 매운탕을 먹지 못하는 사람들을 위한 돈가스 메뉴도 있으니 참고하기를 바랍니다.

가치 ★★★★
입지 ★★★

철로자전거
진남역

주소 & 연락처
경상북도 문경시 마성면
신현리 126-1
054-553-8300
www.mgrailbike.or.kr

요금 & 시간
이용료 15,000원(1대 어른 2명, 어린이 2명)
운영 시간 09:00~18:00 / 매주 화요일 휴장
운행 구간 진남역~불정역 방면(왕복 4km)

철로자전거 진남역은 전국에서 처음으로 철로자전거가 등장한 곳입니다. 현재 전국에 운영중인 수많은 철로자전거의 효시가 바로 이곳 문경 철로자전거인 것입니다. 그만큼 사람들에게 잘 알려진 여행 코스 중 하나로 철로자전거는 총 거리 4킬로미터로 40분 정도 시간이 소요되지만 페달을 밟고 즐겁게 문경의 경치를 감상하다보면 아주 짧은 시간처럼 느껴질 것입니다.

코스는 반환점이 있어서 먼저 출발하는 사람이 돌아올 때는 가장 늦게 도착하는 구조로 되어 있습니다. 운행시간이 정해져 있어 원하는 시간의 티켓을 구입하면 그 시간에 탈 수 있습니다. 대부분의 사람들이 문경에서 문경새재가 가장 붐빌 것이라 생각하겠지만, 철로자전거에 사람들이 가장 붐빈다는 사실…… 아시나요? 철로자전거, 인터넷 예약 필수입니다!

주말이면 전국에 이름난 산이나 계곡에는 언제나 사람들이 북적거립니다. 이럴 때 많은 분들이 '지금까지 가보지 않은 명산 혹은 무언가 특별한 것이 있는 계곡은 없을까?'라는 고민을 한 번씩은 해보았을 것입니다. 그래서 이번에 준비한 여행지가 바로 경상북도의 한적한 소도시 '봉화'입니다.

경상도의 관문과도 같은 봉화는 대부분 스쳐 지나가는 도시로, 정작 여행지로 방문해본 이들은 많지 않을 것입니다. 하지만 봉화에는 아주 아름다운 명산과 계곡이 있었으니 바로 청량산과 석천계곡입니다. 이 두 곳이 특별한 이유는 경치가 아름답기 때문이기도 하지만, 우리나라 최고 수준의 문화재가 있기 때문입니다.

이번 일정은 봉화의 청량산과 석천계곡이 있는 닭실마을을 중심으로 주변에 함께 다녀오기 좋은 체험 장소 여러 곳을 묶어 구성하였습니다. 산과 계곡을 좋아하는 분들 중에 아직까지 청량산과 닭실마을에 안 가본 분들은 있다면, 이번 일정을 따라 꼭 한번 다녀오기를 바랍니다. 잊지 못할 추억이 될 것입니다.

1일 ①⇢⑤ 동부권+남부권
2일 ⑥➔⑧ 중부권

총거리 479.7km

총비용 176,400원

1일	거리(km)	산정 기준		비용(원, 2인 기준)
출발 ➡ ①	208.1	통행료	풍기IC	9,200
①	0.0	송이돌솥밥	용두식당	30,000
① ➡ ②	1.8	체험료 별도	봉화목재문화체험장	
② ➡ ③	24.8		청량산+청량사	
③ ➡ ④	2.3	숯불돼지갈비	오시오숯불식육식당	18,000
④ ➡ ⑤	2.2	B동 101호(비수기)	청량산휴펜션	70,000
지점 합계	31.1			
합계	239.2			127,200

2일	거리(km)	산정 기준		비용(원, 2인 기준)
⑤ ➡ ⑥	24.4		닭실마을(청암정)	
⑥ ➡ ⑦	1.8	꽃등심	은하숯불회관	40,000
⑦ ➡ ⑧	0.9		석천정사	
지점 합계	27.1			
⑧ ➡ 도착	213.4	통행료	서울톨게이트	9,200
합계	240.5			49,200

★ 숙박은 시즌에 따라 가격 변동, 유류비 미포함

동부권+남부권

거리	서울 - 봉화	208.1km
	경유 지점	31.1km
비용	통행+식대+관람+숙박	127,200원

봉화에서도 청량산은 남부에 해당하기 때문에 내려가는 길에 잠시 쉬는 시간을 갖도록 일정을 짰습니다. 먼저 봉화의 동부에서 식사와 체험의 시간을 갖고 청량산 방문은 오후에 하겠습니다.

봉화의 동부를 거쳐 오후에 청량산에 도착한 뒤의 일정은 모두 가까이에서 움직이도록 했습니다. 청령사에 가기까지는 체력 소모를 최소화하기 바랍니다. 청량산에 오르면 청량사와 하늘다리가 있으며, 내려오면 주변에서도 알아주는 맛집들이 기다리고 있습니다. 볼거리가 풍부한 산행 그리고 알찬 식사. 이 일정을 마친 후에는 인근 펜션에서 하루 여정의 고단함을 풀겠습니다. 봉화 동부권에서 남부권으로 이동하는 시간이 조금 길지만 동부권과 남부권 안에서의 이동을 최소화하여 짧은 일정을 효율적으로 보낼 수 있도록 했습니다.

동부권
남부권
서울
서울-중앙고속도로 풍기IC
AM 08:30
180분
AM 11:30
1 용두식당
70분
PM 12:40
10분
PM 12:50
2 봉화목재문화체험장
80분
PM 02:10
40분
PM 02:50
3 청량산+청량사
180분
PM 05:50
10분
PM 06:00
4 오시오숯불식육식당
까치소리
80분
PM 07:20
10분
PM 07:30
5 청량산휴펜션

중부권

거리	경유 지점	27.1km
	봉화-서울	213.4km
비용	통행+식대+관람	49,200원

경상도에는 아름다운 옛 마을들이 많이 남아 있습니다. 그중에서도 가장 많은 전통마을이 남아 있는 지역이 바로 봉화입니다. 여행 둘째 날 방문하는 닭실마을과 석천정사는 봉화에 위치한 수많은 문화재들 중에서도 꼭 방문해야 할 필수 방문지입니다. 두 곳은 서로 가까이에 위치하며 그림 같은 계곡을 배경으로 두고 있는 최고의 문화재입니다.

      봉화   청량산에 오르다

중부권

숙소 or 주변 조식
AM 09:30
40분
AM 10:10
6 닭실마을(청암정)
80분
AM 11:30
10분
AM 11:40
7 은하숯불회관
80분
PM 01:00
10분
PM 01:10
8 석천정사
90분
PM 02:40
180분
서울 중앙고속도로 풍기IC-서울
PM 05:40

용두식당

음식맛	★★★★
음식양	★★★★
입지	★★★
시설	★★★
청결	★★★★
친절	★★★★☆

주소 & 연락처

경상북도 봉화군 봉성면
다덕로 526-4
054-673-3144

메뉴 & 시간

송이돌솥밥(보통)15,000원, (특)20,000원, 송이전골(2인 이상)
20,000원, 능이돌솥밥(보통)12,000원, (특)15,000원,
송이된장정식 10,000원, 영양돌솥밥정식 8,000원

예산 2인 기준 16,000~40,000원

영업 시간 10:00~21:00

송이의 고장 봉화를 찾아왔으니 송이 맛을 꼭 보고 가야
겠지요? 봉화는 전국에서도 가장 알아주는 송이 생산지
로 9월에서 10월 사이에는 봉화읍 내성천에서 '송이축
제'가 열립니다.

이번에 소개하는 용두식당의 송이돌솥밥은 봉화
에서 맛볼 수 있는 별미중의 별미입니다. 이곳의 송이돌
솥밥은 송이의 깊은 향이 돌솥밥과 잘 어우러져 깊은 향
이 오래 남아 감동적입니다. 또 송이의 식감과 돌솥밥의
쫄깃함이 기가 막히게 조화를 이루어 식사를 마치고 한
참 후까지 여운이 남습니다.

돌솥밥 치고는 조금 비싸다고 생각할 수 있지만
송이의 가격을 생각하면 오히려 저렴하다고 볼 수 있습
니다. 돌솥밥과 함께 나오는 된장찌개와 기본 반찬들 또
한 상당히 맛이 좋습니다. KBS <1박 2일> 봉화편 촬영
지이기도 했던 이곳은, 외부는 조금 허름해 보이지만 실
내로 들어가시면 상당히 깔끔하니 마음 놓고 방문해보
기를 바랍니다. 사장님도 아주 친절하답니다.

봉화
목재문화체험장

주소 & 연락처

경상북도 봉화군 봉성면
구절로 151
054-674-3363

요금 & 시간

입장료 무료(체험료 별도)
시설현황 체험관, 창평산림욕장, 자생식물단지, 야외교육장,
목재놀이 시설, 잔디광장
운영 시간 09:00~18:00(폐장 1시간 전까지 입장)
휴관일 1월 1일, 설날/추석 연휴, 매주 월요일, 공휴일 다음날

봉화에는 각 분야에서 최고라고 할 수 있는 대표 선수들이 여럿 있습니다. 앞서 소개한 송이에 이어, 이번에는 '춘양목'을 소개하고자 합니다. 봉화 하면 빼놓을 수 없는 춘양목을 제대로 알고 체험할 수 있는 장소인 봉화목재문화체험장입니다. 봉화 목재의 우수성을 널리 알리고자 2010년 문을 연 이곳은 목재 가공 체험과 산림욕장, 야외 공원까지 다양한 공간과 시설들이 마련되어 있어 가족 여행객들에게 특히 잘 어울리는 장소입니다.

'우리나라 최고의 목재' 하면 '금강송'이라고 하는데 이는 백두대간의 강릉, 삼척, 영덕, 봉화에 자라는 소나무를 말하는 것으로, 이곳 봉화의 춘양역을 거쳐 전국으로 퍼져나가기 때문에 어느 때부터인가 금강송을 춘양목이라고 불렀다고 합니다. 말로만 들어보았던 춘양목의 다양한 쓰임을 이곳 봉화목재문화체험장에서 경험해보기 바랍니다.

청량산
+청량사

주소 & 연락처
경상북도 봉화군 명호면
청량로 255
054-679-6653
http://mt.bonghwa.go.kr

요금
입장료 무료

문화재 정보
청량산도립공원
국가지정문화재 명승 제23호
청량사유리보전
경상북도 유형문화재 제47호

청량산은 우리나라의 명산을 꼽을 때 항상 5위권 이내에 들어가는 산입니다. 하지만 산을 좋아하는 분들도 청량산에 가보았다는 분들이 생각보다 많지는 않았습니다. 이번 봉화여행에서 대한민국 명산인 청량산을 꼭 찾아가보기를 바랍니다. 청량산의 절경이 뛰어난 것은 사실이지만 이곳을 한결 풍성하게 만들어 전국 최고의 명산으로 만들어준 데에는 청량폭포, 청량정사와 청량사, 김생굴과 김생폭포가 있고 그 정점에는 하늘다리가 있습니다. 특히 청량사와 하늘다리는 청량산을 말할 때 빼놓을 수 없는 요소입니다.

청량사는 산중 사찰의 최고봉으로 '하늘에 떠 있는 그림 같은 절'이라는 찬사를 듣고 있습니다. 하늘다리는 우리나라 최고 높이의 산중다리로 아찔함을 느낄 수 있습니다. 산행길이 굉장히 험한 편은 아니지만 하늘다리까지의 거리가 상당히 멀기 때문에 너무 욕심을 부리는 산행은 피하기 바랍니다. 시간이 부족하거나 아이와 함께 온 분들은 선학정에서 청량사 미니 봉고를 타고 청량사까지만 다녀오고, 사찰에 관심이 없는 분들은 청량폭포에서 곧바로 청량산에 올라 하늘다리만 다녀오기 바랍니다. 추천 코스를 정리해보겠습니다.

[추천코스 1: 선학정-청량사-하늘다리-청량폭포] - 3시간 소요 예상

[추천코스 2: 입석-김생굴-자소봉-하늘다리-청량폭포] - 4시간 소요 예상

[추천코스 3: 입석-철량정사-청량사-선학정] - 2시간 30분 소요 예상

음식 맛 ★★★★☆
음식 양 ★★★★
입지 ★★★★
시설 ★★★
청결 ★★★★
친절 ★★★★☆

오시오
숯불식육식당

주소 & 연락처

경상북도 봉화군 명호면
관창리 광석길 46-37
054-672-9012

메뉴 & 시간

솔잎숯불돼지갈비(200g) 9,000원, 솔잎숯불양념돼지갈비(200g)
10,000원, 생삼겹살(200g) 10,000원, 냉면 6,000원

예산 2인 기준 18,000~30,000원

영업 시간 08:00~20:00

청량산관광단지에 위치한 식당들은 모두 그림 같은 청량산을 배경으로 식사를 할 수 있다는 장점이 있습니다. 오시오숯불식육식당은 청량산을 배경으로 봉화의 유명 요리 중 하나인 숯불돼지구이를 맛볼 수 있는 곳입니다. 봉화의 봉성면에서 이곳 청량산관광단지로 자리를 옮긴 오시오숯불식육식당은 이미 오래전부터 봉화군 봉성면의 돼지숯불축제의 중심에 있는 이름난 고깃집입니다.

이곳 고기는 솔잎 숯불로 초벌구이를 하여 기름이 잘 빠져 있고 솔잎 때문에 고기의 누린내가 거의 나지 않는다는 것이 특징입니다. 솔향이 깊게 배어 있는 고기는 숯불의 향과 어우러져 입안에서 담백함과 고소함을 뿜어냅니다. 물론 청량산이 감동스럽긴 했지만 사실 이곳의 숯불돼지고기 맛이 조금 더 오래 기억에 남았답니다.

음식 맛	★★★
음식 양	★★★
입지	★★★★
시설	★★★★
청결	★★★★
친절	★★★★

까치소리

주소 & 연락처

경상북도 봉화군 명호면
광석길 38
054-673-9777

메뉴 & 시간

더덕구이정식 10,000원, 고등어구이정식 9,000원,
산채비빔밥 8,000원, 버섯칼국수 5,000원, 송이덮밥 15,000원,
송이전골(소) 40,000원

예산 2인 기준 16,000~40,000원

영업 시간 08:00~20:00

봉화가 고기로 유명한 고장이지만 1박 2일 동안 두 번이나 고기로 식사를 하면 부담스러워 하는 분들이 있을 것입니다. 이런 분들은 청량산에 방문한 후 청량산관광단지 내에 위치한 까치소리를 방문해보기를 바랍니다.

까치소리는 더덕구이가 일품인 집입니다. 정식을 주문하면 된장찌개와 함께 깔끔한 밑반찬이 차려집니다. 식당 외관은 황토와 너와를 사용하여 한결 정감 있게 느껴지니 날씨 좋은 날에는 야외 테라스에서 식사를 해도 좋습니다. 더덕구이가 이곳의 주메뉴이지만 고등어구이와 산채비빔밥도 많은 분들이 찾는 메뉴입니다. 혹시 여러 명이 함께 방문한다면 한 가지 메뉴만 주문하지 말고 다양한 메뉴를 주문해서 나눠 먹는 것도 좋겠습니다.

청량산휴펜션

룸 상태	★★★★
데스크	★★★★☆
입지	★★★★
시설	★★★

주소 & 연락처

경상북도 봉화군 명호면
청량로 446
054-673-1059
010-5554-1563
www.pensionga.com

요금 & 시간

B동(C동) 101호(4+2인) 비수기 주중 70,000원, 주말 120,000원,
성수기 주중 150,000원 / B동(C동) 201호(6+2인) 비수기 주중
110,000원, 주말 170,000원, 성수기 주중 200,000원

추가 인원 10,000원

입실 시간 15:00 / **퇴실 시간** 12:00

봉화에는 볼거리와 먹을거리가 풍성하지만 숙박할 만한 곳은 많지 않습니다. 하지만 청량산에는 휴펜션이 있어 봉화 여행 일정을 제안할 수 있었으니 개인적으로 정말 고마운 곳입니다. 휴펜션의 시설은 호텔이나 다른 유명 펜션에 비해 훌륭하진 않지만 룸 상태가 아주 청결하며 관리자 분도 친절합니다.

무엇보다 청량산의 나지막한 언덕에 위치하여 다른 펜션보다 아름다운 풍경을 누릴 수 있습니다. 휴펜션 외부 테라스에 앉아 차 한 잔씩 나누며 즐거운 추억을 만들어가기를 바랍니다. 예약 하기가 수월한 편이며 가격도 적절하며, 청량산에서 가까운 거리에 위치하고 있습니다.

닭실마을
(청암정)

주소 & 연락처	요금	문화재 정보
경상북도 봉화군 봉화읍 충재길 44 054-674-0963 darsilland.kr	입장료 무료	봉화 청암정과 석천계곡 명승 제60호 지정일 2009년 12월 09일 수량/면적 232.595㎡

사극을 보다가 '도대체 저기가 어딜까?' 궁금해했던 경험, 누구에게나 한 번쯤은 있을 것입니다. 아름다운 배경으로 화제가 되었던 드라마 <동이>를 비롯하여 <바람의 화원>, 배용준 주연의 <스캔들>의 촬영지가 바로 이곳 닭실마을입니다. 특히 닭실마을 청암정은 우리나라의 아름다운 정자 3위 안에 꼽히는 곳으로, 이곳을 방문했던 모든 분들이 정자 건축의 백미를 맛보고 감탄을 금치 못합니다.

닭실마을은 조선시대 전통마을 중에서도 가장 훌륭한 입지를 갖추고 있습니다. 특히 닭이 계란을 품고 있는 금계포란형의 명당지이며 각 집들의 향을 방사형으로 배치하여 모든 집들의 시선이 서로 겹치지 않도록 배려하고 있는 조선시대 최고의 마을입니다. 조선 중종 때 우찬성을 지낸 충재 권벌이 사회에 연루된 후 이곳에 마을을 조성하고 후학을 길러냈다고 합니다. 아름다운 전통마을과 우리 고건축에 관심 있으신 분들은 꼭 방문해보기 바랍니다.

靑蘿亭

은하숯불회관

음식 맛	★★★
음식 양	★★★★
입지	★★★
시설	★★★
청결	★★★★
친절	★★★★

주소 & 연락처
경상북도 봉화군 봉화읍
내성로 129
054-673-1303

메뉴 & 시간
생갈비살(150g) 20,000원, 꽃등심(200g) 20,000원,
모둠구이(200g) 15,000원, 차돌박이(150g) 15,000원,
양념불고기 10,000원, 육회(400g) 30,000원
예산 2인 기준 20,000~40,000원
영업 시간 10:00~21:00

봉화의 대표 음식으로 송이와 숯불돼지갈비를 소개한
데에 이어 마지막으로 봉화의 대표한우인 '한약우'를 소
개합니다. 한우는 키우는 도시마다 내세우는 브랜드가
있습니다. 문경 여행에서 소개했던 '약돌한우'만큼은 아
니지만 나름대로 호평을 받고 있는 한우가 바로 봉화 '한
약우'입니다.

　　은하숯불회관은 약초를 먹고 자란 한약우를 저렴
한 가격에 맛볼 수 있는 정육식당입니다. 막상 정육식당
이라고 방문해보면 서울 지역과 가격에서 큰 차이가 나지
않아 실망하는 일이 다반사인데 이곳은 꽃등심 200그램
의 가격이 2만 원이며, 다른 종류의 고기도 가격 부담 없
이 즐길 수 있습니다. 봉화에서의 마지막 식사는 기름기
쫙 뺀 한약우를 즐겨보기를 바랍니다.

석천정사

주소 & 연락처
경상북도 봉화군 봉화읍
충재길 25-36
(군청 문화체육관광과)
054-679-6394

요금 & 시간
입장료 무료

문화재 정보
명승 제60호 닭실마을 일부
지정일 2009년 12월 09일

어느 누구에게 추천해주어도 자랑스러운 곳, 단 한 번의 방문으로 머릿속과 가슴속에 가장 진한 잔상을 남긴 곳, 석천계곡과 석천정사입니다. 고건축과 주변 경관이 하나의 작품과 같아 유명한 곳을 꼽아보면 안동의 병산서원, 담양 소쇄원 등이 있습니다. 병산서원이 원경을 내부로 빨아들여 극적인 분위기를 연출한다면 담양 소쇄원은 아기자기한 자연을 근경에서 바라보는 장소라 할 수 있습니다.

이곳 석천정사는 병산서원과 소쇄원의 장점을 모두 갖춘, 즉 원경과 근경이 모두 훌륭한 곳입니다. 정사의 석축과 잔잔한 계곡물이 정사의 처마곡선과 기기 막힌 각을 이루고 있어 정사 전체가 주변 환경과 하나가 되는 것을 느낄 수 있습니다. 석천정사는 우리 고건축의 핵심이 현대건축처럼 딱딱한 매뉴얼에 있는 것이 아니라 주변 산세와 경관을 느끼고 소통하는 데 있음을 잘 보여줍니다.

봉화   청량산에 오르다   2일차

이번 일정은 안동 여행에서 사람들이 일반적으로 가장 선호하는 지점들과 여러 전문가들의 추천지를 묶어 구성하였습니다. 특히 수도권에서는 가깝지 않은 안동이라는 지역을 1박 2일에 걸쳐 둘러보기 위하여 핵심적인 경유지만 선별했습니다. 잘 선별된 일정을 따라 안동의 문화를 깊이 느끼는 시간이 되었으면 합니다.

안동 북부 지역의 퇴계 이황 선생 관련 유적과 서부 하회마을을 중심으로 근거리에 위치한 지점들을 포괄하였습니다. 안동을 조금 다른 시각으로 깊이 있게 돌아볼 수 있도록 한 것이 이번 여행의 포인트입니다. 단순히 문화재를 감상한다는 마음보다는 자기 스스로의 '사색 여행'이라는 테마를 가슴속에 담고 떠나보기를 바랍니다. 우리 문화에 흠뻑 마음을 적시면 어느새 도시에서 받았던 압박감을 떨치는 데에도 분명 도움이 될 것입니다.

안동문화관광단지는 최근 안동의 핵심 인프라 지역으로 볼거리가 많이 있으니 이번 기회에 가보는 것도 좋은 추억이 되리라 생각합니다. 고가 체험을 못하는 것이 아쉽지만 시내권에 집중된 맛집과 체험지를 소개하기 위한 것이니 이해 부탁드립니다. 그럼 지금부터 성리학 사상의 메카인 안동으로 떠나보겠습니다.

안동　　　　　　　사색 여행

1일 ① ⟶ ⑥ 북부권+시내권
2일 ⑦ ⟶ ⑩ 서부권

총거리 576.5km

총비용 223,900원

1일	거리(km)	산정 기준		비용(원, 2인 기준)
출발 ▶ 1	222.2	통행료	풍기IC	9,200
1	0.0	가정식백반	몽실식당	12,000
1 ▶ 2	2.9		퇴계종택	
2 ▶ 3	1.9	입장료+주차료	안동 도산서원	5,000
3 ▶ 4	26.6	입장료	온뜨레피움(안동문화관광단지)	4,000
4 ▶ 5	6.1	찜닭 1마리	현대찜닭	25,000
5 ▶ 6	6.3	스탠더드(주중)	리첼호텔	130,000
지점 합계	43.8			
합계	266.0			185,200

2일	거리(km)	산정 기준		비용(원, 2인 기준)
6 ▶ 7	30.9		화천서원+부용대	
7 ▶ 8	4.9	입장료+주차료	하회마을	8,000
8 ▶ 9	0.0	간고등어백반	하동고택하회맛집	20,000
9 ▶ 10	4.5		병산서원	
지점 합계	40.3			
10 ▶ 도착	270.2	통행료	서울톨게이트	10,700
합계	310.5			38,700

★ 숙박은 시즌에 따라 가격 변동, 유류비 미포함

북부권+시내권

거리	서울 - 안동	222.2km
	경유 지점	43.8km
비용	통행+식대+관람+숙박	185,200원

안동의 북부 지역은 하회마을 못지않게 볼 것이 많습니다. 특히 퇴계 이황 선생의 유적이 집중되어 있는 지역으로 이 부분에 초점을 맞추어 돌아본다면 좀더 깊이 있는 안동 여행이 될 것입니다. 안동 북부를 거쳐 시내로 내려오며 들르게 되는 '온뜨레피움'은 최근 안동의 핵심 지역으로 떠오르고 있는 안동문화관광단지 내에 위치하고 있습니다. 다양한 볼거리와 즐길거리가 있어 값싼 입장료로도 절대 후회하지 않는 시간을 보내게 될 것입니다. 온뜨레피움에 방문한다면 전망 좋은 방에서의 하룻밤을 위하여 리첼 호텔 체크인을 미리 해도 좋습니다. 시내에 나가 그토록 고대하던 안동찜닭을 맛본 후 시간이 되면 전국 3대 빵집이라 평가받는 맘모스제과에도 들러보기 바랍니다.

북부권

서울	서울-중앙고속도로 풍기IC	AM 08:30
200분
AM 11:50
1	몽실식당	60분
도산대가	PM 12:50
10분
PM 01:00
2	퇴계종택	50분
PM 01:50
10분
PM 02:00
3	안동 도산서원	80분
PM 03:20
시내권
50분
PM 04:10
4	온뜨레피움	90분
(안동문화관광단지)	PM 05:40
10분
PM 05:50
5	현대찜닭	90분
구서울갈비	PM 07:20
10분
PM 07:30
6	리첼호텔
안동호텔

서부권

거리	경유 지점	40.3km
	안동-서울	270.2km
비용	통행+식대+관람	38,700원

둘째 날은 안동 하면 떠오르는 대표적 관광지인 하회마을을 두 지점으로 나누어 돌아보겠습니다. 이번 기회에 하회마을을 차근차근 돌아보면 멀게만 느껴졌던 유교 문화가 조금은 가깝게 다가오지 않을까 생각합니다. 일반적인 하회마을 탐방과 다른 점은 코스를 두 지점으로 나누어 돌아보게 한 점입니다. 먼저 하회마을을 한눈에 조망할 수 있는 부용대와 인근의 옥연정사까지 들른 후 하회마을로 들어가겠습니다. 하회마을 장터에서 점심을 먹고 오후에는 우리나라 최고의 비경지로 유명한 병산서원에서 일정을 마무리하겠습니다.

서부권

숙소 or 주변 조식
AM 09:00
60분
AM 10:00
7 화천서원 +부용대
70분
AM 11:10

10분
AM 11:20
8 하회마을
120분
PM 01:20

0분
PM 01:20
9 하동고택하회맛집
솔밭식당
60분
PM 02:20

20분
PM 02:40
10 병산서원
70분
PM 03:50

200분
서울 중부내륙고속도로 점촌함창IC-서울
PM 07:10

몽실식당

음식맛	★★★★
음식양	★★☆
입지	★★★★
시설	★★☆
청결	★★☆
친절	★★★★

주소 & 연락처

경상북도 안동시 도산면
온혜리 569-2
054-856-4188

메뉴 & 시간

된장찌개 6,000원, 김치찌개 6,000원,
소불고기 6,000원, 오징어볶음 6,000원
예산 2인 기준 12,000~30,000원
영업 시간 10:30~18:30(예약시 아침식사 가능)

멀리 안동까지 왔으니 식사부터 해야겠습니다. 안동에는 수많은 맛집이 있지만 아쉽게도 퇴계문화권인 북부 지역에는 강력하게 추천할 만한 식당들이 다소 부족합니다. 그렇지만 욕심을 조금 줄이고 찾아보면 나름대로 찾아가 볼 만한 식당이 있습니다. 이번에 추천하는 몽실식당 또한 화려한 비주얼은 없지만 정갈한 안동의 가정식을 맛볼 수 있는 식당입니다. 퇴계종택 인근에 위치한 몽실식당의 모든 음식은 그날 준비한 재료를 사용하여 만들어집니다. 깊이 있는 된장 맛이 우러나는 몽실식당의 찌개 한 그릇은 여행지에서의 한 끼 식사로 충분하답니다.

도산대가

주소 & 연락처
경상북도 안동시 도산면
분천리 퇴계로 2300
054-852-6660
www.dosandaega.wo.to

메뉴 & 시간
안동간고등어정식 7,000원, 황태해장국 7,000원,
메기매운탕 35,000원, 안동찜닭 30,000원
예산 2인 기준 14,000~40,000원
영업 시간 08:00~22:00

안동 북부로 여행을 떠날 때 명심해야 할 점은 바로 식사할 지점을 명확히 해두어야 한다는 것입니다. 안동 북부 지역에는 식당들이 여기저기 산발적으로 위치하고 있기 때문에 '유명 관광지 주변으로 가면 당연히 식당이 많겠지……' 하고 그냥 방문하셨다가는 낭패를 볼 수도 있습니다.

　도산대가는 퇴계종택 5킬로미터 반경에서 가장 방문하기 적절한 식당입니다. 안동의 대표적인 메뉴를 다양하게 선보이고 있으며 인근에서 나름 인기를 얻고 있는 식당입니다. 때문에 퇴계종택을 방문하는 많은 사람들에게 추천하는 식당으로, 특히 정갈한 맛의 해장국과 간고등어정식을 만날 수 있습니다. 고가(古家)에서의 식사라는 장점 또한 있으니 안동에서의 첫인상으로 이곳을 방문해보는 것도 좋은 선택이 되리라 믿습니다.

퇴계종택

주소 & 연락처
경상북도 안동시 도산면
토계리 468-2
(안동시청)054-840-5230

요금
입장료 무료

문화재 정보
경상북도 기념물 제42호
수량/면적 2,119㎡
지정일 1982년 12월 1일

퇴계 이황 선생의 숨결이 남아 있는 이곳은 주변 환경만 둘러보아도 근원을 알 수 없는 감동이 느껴지는 곳입니다. 안동 북부 지역을 방문하면 대부분 도산서원을 찾아가는 것에 그치기 쉬운데, 퇴계종택까지 방문해야 비로소 진정한 의미의 안동 여행이 완성됩니다.

퇴계종택은 구한말 의병들의 정신적인 지주 같은 역할을 한다는 이유로 1907년 일제의 방화에 의하여 소실되었으며, 현재의 종택은 1929년 복원된 것입니다. 한때 영남 최고의 반가주택이었지만 현재의 규모는 당시와 비교하여 다소 줄어든 상태입니다. 미리 연락하고 방문하면 이황 선생의 종손께서 이곳의 유래와 역사까지 자세히 설명해주신다는 점을 참고하기 바랍니다.

안동
도산서원

주소 & 연락처
경상북도 안동시 도산면
도산서원길 154
054-840-6599
www.dosanseowon.com

요금 & 시간
입장료 어른 1,500원,
청소년 700원, 어린이 600원
주차료 소형 2,000원
운영 시간 하절기 09:00~18:00
　　　　　　　동절기 09:00~17:00

문화재 정보
사적 제170호
수량/면적 323,110㎡, 건물 15동
지정일 1969년 5월 28일
시대 조선시대

해가 뉘엿뉘엿 넘어갈 즈음, 잠시 둘러보고 가야겠다는 마음으로 방문했던 도산서원. 그러나 도산서원의 기운은 그 마음을 한순간에 바꾸어 놓았습니다. 서원 마당에 앉아 있으니 엉킨 실타래처럼 복잡하게 얽혀 있던 마음이 풀리는 듯했습니다. 좀더 머물고 싶다는 마음이 꿈틀거릴 때쯤 퇴장시간이 되어 아쉬움을 달라며 나와야 했습니다. 여행에는 많은 사람들이 선호하는 바다, 산, 물놀이 등 다양한 여행이 있지만, 이런 느낌 때문에 문화답사여행이 더욱 소중하다는 생각을 다시 한번 하게 되었습니다.

　　도산서원은 사색하고 깨우침을 얻기 위한 장소입니다. 구성이 엄숙하고 단조로운 듯하지만 그 안에 체계와 변화를 가미하고 있습니다. 입구에 들어서면 먼저 퇴계 이황 선생께서 4년간 짓고 머무르신 도산서당이 있으며 그 뒤로 올라가면 도산서원 전교당이 서원의 기본적인 중정 형식으로 조성되어 있습니다. 도산서원은 당시의 사상을 건축적으로 풀어낸 조선시대 최고의 수작으로, 자연 안에서 진리를 알고자 한 선비 사상이 그대로 투영되어 있습니다.

온뜨레피움
(안동문화관광단지)

주소 & 연락처

경상북도 안동시
관광단지로 346-95
054-823-8601
www.ontrepieum.com

요금 & 시간

입장료 어른 2,000원,
어린이 1,500원
(체험료 7,500원 별도)

운영 시간 4~10월 10:00~18:00
11~3월 10:00~17:00

휴관일 매주 월요일

문화재 정보

식물 보유 현황

총 240여 종 17,000여 그루
(관엽식물류, 선인장,
다육식물류, 허브, 양치식물류)

입구에서 입장료를 지불하고 테마 가든에서 온실까지 둘러보고 나올 때쯤 갑자기 '입장료가 2천 원이었나?' 하는 생각이 들었습니다. 온뜨레피움의 입장료는 2천 원이었는데, 그동안 서울 인근에 위치한 수목원이나 테마파크에서 지불해야 했던 말도 안 되게 값비싼 입장료를 생각하니 가슴이 아파왔습니다. 아마 현재의 입장료는 오픈 초기라 홍보를 위한 정책이 아닐까 생각되긴 하지만 말입니다.

온뜨레피움은 최근 안동에서 집중적으로 투자하고 있는 '안동문화관광단지' 내에 위치하고 있습니다. 넓은 부지에 여러 가지 테마를 주제로 다양한 테마단지가 꾸며져 있어 다양한 방문객들의 욕구를 충족시켜줍니다. 안동문화관광단지 안에는 리첼 호텔도 있어 바로 숙소로 돌아가기 편리합니다. 혹 리첼호텔로 숙박을 정하지 않았더라도 꼭 방문해 2천 원의 행복을 느껴보기 바랍니다. 말했듯, 안동의 볼거리는 문화재만 있는 것이 아니랍니다!

현대찜닭

주소 & 연락처 ··············
경상북도 안동시 번영1길 47
054-857-2662

메뉴 & 시간 ··············
안동찜닭 25,000원, 조림닭 25,000원, 양념통닭 16,000원,
후라이드 16,000원
예산 2인 기준 16,000~30,000원
영업 시간 11:00~23:00

안동찜닭은 사실 전국 어디서나 어느 정도 수준의 맛을 만나볼 수 있는 음식이 되었기에 안동에서까지 찜닭을 선택하는 것이 쉽지 않을 수도 있습니다. 하지만 막상 안동에서 찜닭을 맛본다면, 지금까지 다른 지역에서 먹어보았던 안동찜닭과 현지의 안동찜닭이 확실히 다르다는 것을 느끼게 될 것입니다. 재료에서부터 조리 과정 등 하나에서부터 열까지 안동만의 노하우는 그리 쉽게 만들어지는 것이 아니기 때문이겠지요.

이곳 현대찜닭의 찜닭은 특히 당면이 쫄깃합니다. 살코기의 식감도 매우 좋습니다. 살코기의 굵은 선이 양념과 어우러져 진정한 찜닭의 면모란 어떤 것인지 확실하게 보여줍니다. 한 마리를 주문하면 양이 상당히 많아 성인 네 명이 먹어도 모자라지 않습니다. 안동소주까지 곁들여 한잔하면 안동에서의 잊지 못할 추억이 될 것입니다. 안동 구시장 찜닭골목의 재미를 함께 느껴보기를 바랍니다.

구서울갈비

주소 & 연락처

경상북도 안동시 음식의길 14
대림상가 C동
054-857-5981

메뉴 & 시간

생갈비·양념갈비(200g) 22,000원, 냉면 4,000원, 소면 3,000원
예산 2인 기준 36,000~50,000원
영업 시간 10:00~23:00

누가 경상도 음식이 별로라고 했던가요? 안동에는 먹거리가 참 많습니다. 헛제사밥, 간고등어 그리고 찜닭…… 모두가 훌륭하지만 그중 정점은 갈비가 아닐까 생각합니다. 안동시내 갈비 골목에 위치한 10여 개가 넘는 갈비집들 중에서 가장 유명한 곳은 구서울갈비입니다. 수많은 유명 인사들이 찾아갔던 곳으로 잘 알려져 있는데, 굳이 여러 갈비집 중에서 유명 인사들이 이곳을 방문한 데에는 다 이유가 있었습니다.

갈비의 맛은 고기의 신선도와 숙성도에 달려 있는데, 이곳의 갈비를 맛보면 고기의 품질이 상당히 높으며 안동갈비 특유의 부드러운 식감이 그대로 살아 있다는 걸 느낄 수 있습니다. 생고기와 양념고기 모두 먹어보면 좋겠지만 상황이 여의치 않다면, 그중 하나만 맛보아도 안동갈비의 진수를 느끼게 될 것입니다. 갈비라는 음식이 조금 비싼 편이긴 하나 서울에서 지불했던 갈비 값에 비하면 이곳의 가격은 저렴한 편에 속한다는 마음으로 식사를 즐기길 바랍니다.

리첼호텔

주소 & 연락처

경상북도 안동시
관광단지로 346-69
054-850-9700
www.richell-andong.co.kr

요금 & 시간

스탠더드(13평, 더블, 트윈 2+1인, 온돌 2+2인) 주중 130,000원,
디럭스(22평, 2+2인) 주중 180,000원
추가 인원 27,000원
입실 시간 14:00 / **퇴실 시간** 12:00

안동 여행을 왔다고 꼭 고택 숙박을 해야 한다고 생각하는 건 아니겠지요? 이번 여정에서는 많은 문화재를 만나러 다니느라 몸이 고될 수 있으니 좀더 편안한 시설을 갖춘 곳에서 묵겠습니다.

안동문화관광단지가 조성되어 가장 고마운 점은 바로 안동에도 멋진 호텔이 생겼다는 점입니다. 그동안 고택 숙박 혹은 시내에 위치한 다소 오래된 호텔이나 모텔에서 묵어야만 한다는 점이 안동 여행에서 아쉬운 부분이었습니다. 하지만 리첼호텔이 생기면서부터 이제는 시내 호텔에 비해 그리 비싸지 않은 가격에 조식까지 제공되는 호텔에서 지낼 수 있게 되었습니다. 객실에는 요리를 할 수 있는 주방까지 마련되어 있기 때문에 가족 단위 여행객들은 리조트와 호텔의 효과를 동시에 누릴 수 있습니다. 최신식의 시설뿐만 아니라 식물원, 유교랜드 등 주변 환경까지 좋은 리첼호텔에서 알찬 하룻밤을 보내보길 바랍니다.

안동호텔

주소 & 연락처

경상북도 안동시
문화광장길 40-10
054-858-1166
www.andonghotel.net

요금 & 시간

일반실 40,000원 / 특실 50,000원 / VIP실 70,000원
입실 시간 14:00 / **퇴실 시간** 12:00

안동을 여행하고자 하는 분들 중에 혼자서 머리도 식히고 고적 답사를 떠나려는 분들도 꽤 많을 것입니다. 그런 분들은 주로 자동차 대신 열차나 버스를 이용하게 마련입니다. 그 경우 안동 시내에서 숙박과 식사를 해결하는 편이 좋기에 시내에 위치한 안동호텔을 추천합니다. 혼자 사색하는 여행을 떠나와서 시내에서 후미진 곳에서 숙박하기를 원하진 않겠지요? 안동호텔은 내부 시설이 뛰어나지는 않지만 시내 중심에 위치하여 접근하기가 아주 좋습니다. 저녁식사 후 다른 곳으로 이동하기가 힘든 분들 또한 시내 중심에 위치하고 있으며 깔끔한 룸 상태를 유지하고 있는 이곳에서 숙박하는 것도 괜찮은 선택일 것입니다. 안동호텔은 맘모스제과 골목에서 우회전하면 한눈에 찾을 수 있습니다.

화천서원
+부용대

주소 & 연락처
경상북도 안동시 풍천면
광덕솔밭길 72
054-854-0663
www.hahoehouse.co.kr

문화재 정보
화천서원
경상북도 기념물 제163호
지정일 2009년 11월 23일
시대 조선시대

하회마을을 처음 방문한다면, 어떻게 하면 제대로 하회마을을 보고 알고 돌아갈 수 있을까요? 먼저 마을의 핵심 지점에 가보는 것이 중요합니다. 그래서 제안하는 방법이 이번 일정에서처럼 하회마을을 두 지점으로 나누어 가보는 것입니다. 두 지점 중에서 먼저 화천서원과 부용대를 방문하기를 바랍니다.

류운용 선생의 묘우를 모셔놓은 화천서원을 먼저 방문하면, 하회마을의 역사와 전체 구성을 어느 정도 알게 됩니다. 다음으로 부용대에 올라 책에서나 볼 수 있었던 하회마을의 전경을 내려다보면, 하회마을에서 많은 인재가 나올 수 있었던 핵심적 이유가 바로 비옥한 대지에 자리잡은 천혜의 입지 덕이 아닐까 생각하게 될 것입니다. 류성룡 선생이 『징비록』을 집필했던 곳인 옥연정사는 2014년 3월 고택 체험이 중지되어 방문할 수 없다는 것도 알아두기를 바랍니다.

하회마을

주소 & 연락처
경상북도 안동시 풍천면
종가길 40번지
054-853-0103
www.hahoe.or.kr

요금 & 시간
입장료 어른 3,000원,
청소년 1,500원, 어린이 1,000원
주차료 중형 2,000원
　　　　소형 1,000원
개방 시간 하절기 09:00~19:00
　　　　　　동절기 09:00~18:00

문화재 정보
중요민속문화재 122호
유네스코 세계문화유산
수량/면적 1,343필지 /
7,200,660㎡
지정일 1984년 1월 14일
시대 조선시대

부용대까지 가보았다면 이제는 하회마을 구석구석을 훑어보아야겠지요? 예전에는 마을 가장 깊숙한 주차장에 차를 세울 수 있었으나 현재는 세계문화유산 보존을 위하여 마을 바로 앞 주차장을 이용할 수 없습니다. 외곽 주차장에 주차를 하고 도보로 마을 입구까지 가려 한다면 도착하기도 전에 지칠 수 있으니 셔틀버스를 이용하기를 바랍니다.

　하회마을 골목의 이곳저곳을 유유자적 돌아다니며 옛 정취에 취하다보면 길을 잃어버리기 쉽습니다. 양진당이나 충효당을 목표 지점으로 삼아 돌아보십시오. 나룻배까지 타보았다면 금상첨화일 것입니다. 우리나라 전통 마을의 두 가지 원칙인 풍수 그리고 강가 입지를 철저하게 지켰으며 지금도 옛 생활과 의식을 엿볼 수 있는 하회마을로 시간 여행을 떠나보겠습니다.

하동고택
하회맛집

주소 & 연락처

경상북도 안동시 풍천면
전서로 214-6 하회장터 내
054-853-3776
www.하동고택.kr

메뉴 & 시간

찜닭(특) 30,000원, 헛제사밥(1인)15,000원,
간고등어백반(특) 10,000원, 간고등어구이(한 마리) 12,000원,
비빔밥 6,000원, 콩국수 6,000원

예산 2인 기준 12,000~30,000원

영업 시간 09:30~20:00

예전에는 하회마을 내에서도 식사를 할 수 있었지만, 유네스코 세계문화유산 등재로 인해 현재는 마을 내에서 식사하실 수 없다는 점을 꼭 기억하기를 바랍니다.

부용대에서 하회마을까지 열심히 문화 탐방을 하였으니 이제는 식사를 해야겠지요. 멀리 나가는 것보다 하회장터에 있는 맛집을 찾아가보는 것이 좋을 듯합니다. 하동고택하회맛집은 장터 내 식당 중에서도 정갈하고 맛좋은 음식을 만들기로 정평이 나 있는 곳입니다. 하동고택에서 직접 운영하여 하회마을의 전통음식을 그대로 이어오고 있는 전통 있는 식당입니다. 점심식사이니 부담없는 간고등어정식이나 비빔밥을 먹으면 좋을 것입니다.

솔밭식당

주소 & 연락처

경상북도 안동시 풍천면
전서로 214-6 하회장터 내
054-853-0660
010-2853-0660

메뉴 & 시간

간고등어정식 20,000원, 비빔밥 6,000원, 칼국수 5,000원,
냉콩국수 6,000원, 파전 7,000원
예산 2인 기준 12,000~30,000원
영업 시간 11:30~22:00

하회마을 식당가인 하회장터에는 10여 곳의 식당이 줄지어 서 있습니다. 여행객들에겐 선택의 폭이 넓어 장점처럼 보일 수 있지만, 메뉴가 비슷비슷한 현실에서 어느 식당으로 들어가야 할지 고민하게 되는 것이 사실입니다. 처음부터 식사할 곳을 딱히 정하지 못했던 분들은 이곳 솔밭식당으로 향해보기를 바랍니다. 정갈한 밑반찬과 다양한 메뉴, 적당한 가격, 거기다 친절도까지 A급인 식당입니다. 부담 없는 비빔밥 또는 손칼국수 등을 먹기에 가장 적당한 곳입니다. 하회장터 중앙에 위치하고 있으며 날씨 좋은 날에는 솔밭식당에 마련되어 있는 한옥의 툇마루에 앉아 식사해도 좋습니다.

병산서원

주소 & 연락처
경상북도 안동시 풍천면
병산길 386
054-858-5929
www.byeongsan.net

요금 & 시간
입장료 무료

문화재 정보
사적 제260호
수량/면적 15필 6825평 / 22,620㎡
지정일 1978년 3월 31일
시대 조선시대

병산서원(屛山書院)은 고등학교 역사책이나 고건축 서적에 우리 문화를 대표하는 이미지로 수없이 등장해왔습니다. 만대루에 앉아 전경을 바라보고 있으면 류성룡 선생이 후학을 기르기 위한 장소로 이곳을 선택한 이유가 마음에 와닿습니다. 전국에 수많은 비경지를 다녀보았으나 병산서원만큼 완벽한 곳을 찾기 어려웠습니다. 이번 안동 여행을 계기로 카메라로 여러분만의 병산서원을 담아갈 수 있길 바랍니다.

　　강변에 병풍처럼 산이 펼쳐져 있다는 의미의 '병산서원'은 건물과 자연 경관이 하나가 되는 듯한 공간감을 보여줍니다. 이는 병산서원의 중요한 특징입니다. 서원의 구성 원리에 따라 배치했지만 지세를 살린 입교당으로의 누하진입 그리고 벽이 없이 트여 있어 굽이치는 낙동강과 병산을 마주하도록 한 만대루 등 병산서원은 우리나라 건축의 특징을 여과 없이 보여주는 유교 건축의 걸작입니다.

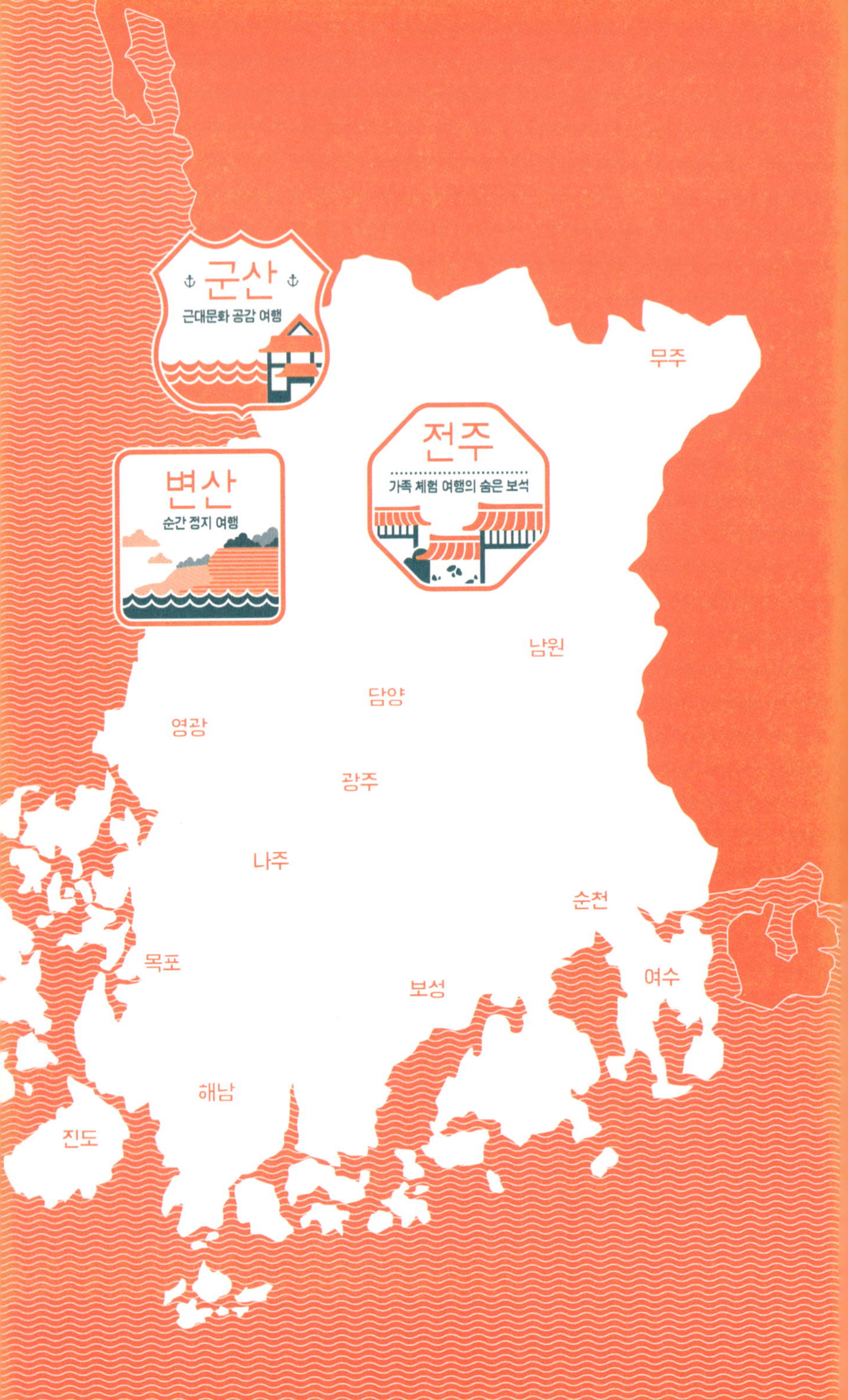
군산
근대문화 공감 여행
변산
순간 정지 여행
전주
가족 체험 여행의 숨은 보석
무주
남원
담양
영광
광주
나주
순천
목포
여수
보성
해남
진도

05

전라도

군산　　　　근대문화 공감 여행

군산으로 여행을 떠난다고 하면 머릿속에 어떤 이미지가 그려지나요? 여행을 많이 다녀보지 않은 사람들이라면 경주나 제주도를 떠올릴 때처럼 확연히 그려지는 이미지는 아마 없을 것 같습니다. 군산의 이미지를 단번에 떠올리기 힘들다면 영화 <타짜> 또는 <8월의 크리스마스>를 생각해보면 어떨까 합니다. 군산은 우리나라의 첫번째 개항지로 근대의 역사가 현재까지도 도시 곳곳에 남아 있어 지금까지 가보았던 여행지들과 달리 새로운 경험을 선사할 만한 장소입니다.

해양도시의 독특한 모습과 수많은 영화의 배경이 된 장소를 가까이에서 느껴볼 수 있는 곳으로 군산만한 도시가 아마 없을 것입니다. 때문에 안동, 경주 등 유명 관광지를 여러 번 다녀온 분들에게 다음에 가볼 만한 여행지로 가장 먼저 추천하는 지역이 바로 군산입니다.

이번 군산여행에서는 군산 도심에 숨어 있는 영화 속 한 장면 같은 장소들을 고루 돌아볼 것입니다. 또 새만금의 광활한 모습이 한눈에 들어오는 숙소에서 멋진 하루를 보내는 알찬 일정을 꾸려보았습니다. 지금까지 갔었던 그 어떤 여행지에서도 느낄 수 없던 색다른 경험이 군산에 있습니다.

 군산   근대문화 공감 여행

大雄殿
초원사진관
8월의 크리스마스 촬영지

1일 ①⇢⑦ 시내권+새만금
2일 ⑧⇢⑫ 시내권

총거리 398.8km

총비용 340,900원

1일	거리(km)	산정 기준		비용(원, 2인 기준)
출발 ➜ 1	181.4	통행료	군산IC	11,300
1	0.0	탕수육(소)+짜장면2	빈해원	24,000
1 ➜ 2	0.3		진포해양테마공원	
2 ➜ 3	0.2		근대미술관+건축관	
3 ➜ 4	0.1	입장료	군산근대역사박물관	4,000
4 ➜ 5	0.1	아메리카노	장미갤러리+미즈커피	7,000
5 ➜ 6	0.7	모둠회(소)	군산횟집	80,000
6 ➜ 7	13.0	스탠더드 더블	베스트웨스턴 군산호텔	198,000
지점 합계	14.4			
합계	195.8			314,300

2일	거리(km)	산정 기준		비용(원, 2인 기준)
7 ➜ 8	16.4		초원사진관	
8 ➜ 9	2.7		군산 신흥동 일본식 가옥	
9 ➜ 10	0.2	백반	한일옥	13,000
10 ➜ 11	0.4	소보로+생도넛	이성당빵집	2,000
11 ➜ 12	0.7		동국사	
지점 합계	20.4			
12 ➜ 도착	182.6	통행료	서울톨게이트	11,600
합계	203.0			26,600

★ 숙박은 시즌에 따라 가격 변동, 유류비 미포함

시내권+새만금

거리	서울 - 군산	181.4km
	경유 지점	14.4km
비용	통행+식대+관람+숙박	314,300원

첫째 날은 군산으로 근대문화와의 교감여행을 떠날 것입니다. 군산은 우리나라의 첫 번째 개항 도시로 지금까지 국내 문화재 탐방에서 느껴보지 못했던 색다른 경험을 선사합니다. 군산은 근대를 배경으로 하는 영화에 꼭 등장하죠. 그만큼 군산에는 볼거리가 풍성하고 오랜 역사를 가진 먹거리들이 즐비합니다. 최근에는 새만금 지역에 고급 숙박시설들까지 세워지며 훌륭한 여행지로의 조건을 단단히 갖추게 됐습니다. 첫날 일정으로 경유지가 조금 많다고 느낄 수 있으나 대부분의 지점이 도보로 이동할 수 있는 반경에 위치해 있습니다. 서울에서 그리 멀지 않은, 하지만 아주 색다른 분위기를 가진 군산으로 지금 떠나보겠습니다.

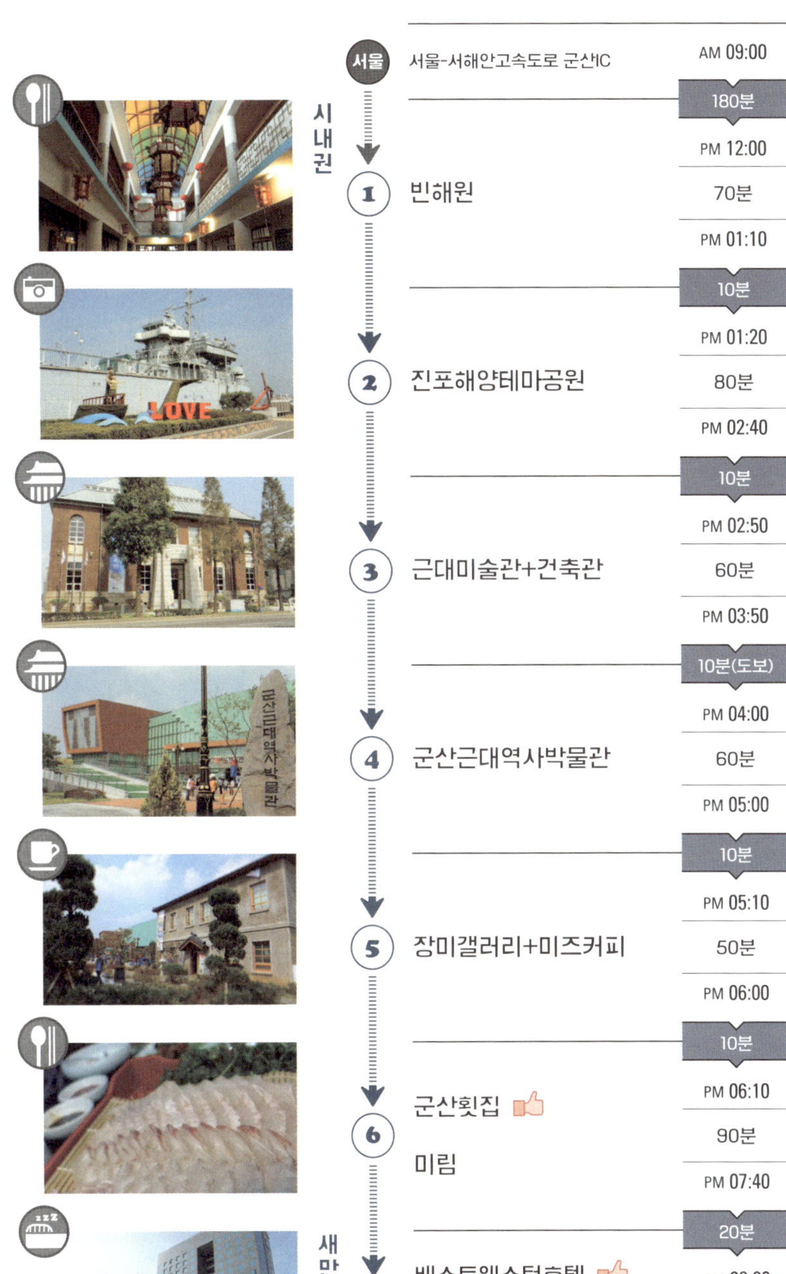

시내권
새만금
서울
서울-서해안고속도로 군산IC
AM 09:00
180분
PM 12:00
1 빈해원
70분
PM 01:10
10분
PM 01:20
2 진포해양테마공원
80분
PM 02:40
10분
PM 02:50
3 근대미술관+건축관
60분
PM 03:50
10분(도보)
PM 04:00
4 군산근대역사박물관
60분
PM 05:00
10분
PM 05:10
5 장미갤러리+미즈커피
50분
PM 06:00
10분
PM 06:10
6 군산횟집
미림
90분
PM 07:40
20분
7 베스트웨스턴호텔
애플트리호텔
PM 08:00

시내권

거리	경유 지점	20.4km
	군산-서울	182.6km
비용	통행+식대+관람	26,600원

둘째 날은 군산을 배경으로 했던 유명한 영화 촬영지를 찾아가보는 '영화 따라잡기 코스'를 잡아보았습니다. <8월의 크리스마스>의 초원사진관에서 한일옥까지는 모두 도보로 이동할 수 있으니, 자연스럽게 흘러간다고 생각하고 여유 있게 둘러보기를 바랍니다. 오후에는 군산 하면 빼놓을 수 없는 이성당빵집에 가보고, 마지막으로 국내 유일의 일본식 사찰인 동국사를 돌아보겠습니다.

시내권

숙소 or 주변 조식
AM 10:00
20분
AM 10:20

8 초원사진관
40분
AM 11:00

10분(도보)
AM 11:10

9 군산 신흥동
일본식 가옥
50분
PM 12:00

10분(도보)
PM 12:10

10 한일옥
70분
PM 01:20

10분
PM 01:30

11 이성당빵집
40분
PM 02:10

10분
PM 02:20

12 동국사
40분
PM 03:00

180분
서울 서해안고속도로 군산IC-서울
PM 06:00

빈해원

음식 맛	★★★★
음식 양	★★★★
입지	★★★★
시설	★★★
청결	★★★
친절	★★☆

주소 & 연락처

전라북도 군산시 동령길 57
063-445-2429

메뉴 & 시간

짜장면 5,000원, 짬뽕 5,500원, 우동 5,500원, 복음밥 5,500원, 탕수육(소) 14,000원, (중) 18,000원, 깐소새우 27,000원, 팔보채 28,000원, 라조기 19,000원, 군만두 5,000원, 삼선짬뽕 7,000원, 하얀해물짬뽕 6,500원

예산 2인 기준 24,000~29,500원

영업 시간 10:30~21:00

군산에서의 여행은 첫 일정부터 독특하게 시작하겠습니다. 전국에서도 알아주는 중식당이 많이 있는 군산에서 빈해원을 추천하는 이유는 독특한 요리뿐만 아니라 근대문화의 손길이 그대로 남아 있는 이곳의 분위기 때문입니다. 근대를 배경으로 했었던 MBC 드라마 <빛과 그림자>가 촬영되기도 했던 빈해원은 겉으로 보기에는 단순히 오래된 중식당의 이미지 그대로인 듯하지만, 안으로 들어서면 일본식 건물의 특징인 좁고 긴 형태의 복도식 건물이 아케이드를 사이에 두고 같은 공간 사이에 놓여 있습니다.

내부 공간이면서 외부에 있는 듯한 분위기는 1900년대 초반으로 시간 이동이라도 한 듯한 느낌을 줍니다. 이곳은 탕수육이 맛있기로 유명하며 하얀해물짬뽕과 삼선짬뽕 등 독특한 맛의 메뉴가 다양하게 있습니다. 가격 또한 비싼 편이 아니라 부담 없이 식사할 수 있습니다. 주차는 길 건너 근대역사박물관 주차장을 이용하는 편이 좋습니다.

진포
해양테마공원

주소 & 연락처

전라북도 군산시 내항2길 32

063-445-4472

요금 & 시간

입장료 무료

운영 시간 평일 09:00~17:30

주말, 공휴일 09:00~17:00

휴관일 매주 월요일

근대문화유산만으로는 조금 지루할 수 있는 군산 여행. 진포해양테마공원으로 풍부함까지 더했습니다. 이곳 진포해양테마공원은 관리가 상당히 잘 되어 있는데 최근에 퇴역한 다양한 종류의 비행기와 대형 전함까지 만나볼 수 있으며, 입장료는 기쁘게도 무료입니다. 아이들과 함께 여행하는 분들에게는 특히 좋은 장소가 될 것입니다.

전시되어 있는 비행기와 전차들은 실내까지 들어가볼 수 있으며 전함 내부에는 우리나라 해군의 역사를 알 수 있는 역사전시관이 마련되어 있습니다. 군산근대건축관 뒤에 위치하며 이후 장소들은 이곳에서부터 도보로 이동하며 군산시가 야심차게 정비한 근대산업유산 예술창작벨트 곳곳을 누벼보기를 바랍니다.

근대미술관
+건축관

주소 & 연락처 ┄┄┄┄┄┄┄┄
전라북도 군산시 해망로 230
063-454-7870
museum.gunsan.go.kr

요금 & 시간 ┄┄┄┄┄┄┄┄
입장료 무료

군산의 근대문화유산 중에서 가장 큰 부분을 차지하는 것은 건축물입니다. 근대건축관과 미술관은 각각 일제강점기에 수탈을 목적으로 건립된 은행 건물이었으며 현재는 모두 등록 문화재로 지정되어 있습니다. 일제에 의해 건립되었다지만 우리의 물자와 인력으로 건립한 역사의 흔적인 만큼 잘 보존해야 할 문화유산이라 생각합니다.

　건축적으로는 두 건물 모두 서양식 돔과 아치 구조이면서 지붕은 한식의 우진각 지붕 모습을 하고 있는 절충식이라 할 수 있습니다. 근대건축관에는 군산에 위치한 근대건축물들의 모형과 건립 당시의 흔적을 잘 알 수 있는 다양한 볼거리가 준비되어 있습니다. 근대미술관에는 군산을 대표하는 작가들의 작품을 전시하고 있으니 함께 둘러보기 바랍니다.

군산
근대역사박물관

주소 & 연락처

전라북도 군산시 해망로 240
063-443-8283
museum.gunsan.go.kr

요금 & 시간

입장료 어른 2,000원,
청소년 1,000원, 어린이 500원
운영 시간 3~10월 09:00~18:00
　　　　　　 11~2월 09:00~17:00
휴관일 매주 월요일, 1월 1일

주요 시설

1층 해양물류역사관,
어린이박물관, 수장고
2층 근대자료규장각실
3층 근대생활관, 기획전시실,
세미나실

군산은 우리나라 최고의 곡창지대인 호남평야의 세곡이 모이던 곳으로 1900년대 당시 경제적·군사적 요충지였습니다. 때문에 다른 어느 지역보다 근대문화유산이 많이 남아 있고 독특한 분위기가 물씬 풍깁니다. 이러한 유산을 보존하고 알리기 위해 근대산업유산 예술창작벨트가 조성되었고 문화 체험의 장으로 충분한 역할을 하고 있습니다.

근대역사박물관은 1899년 개항 당시 군산의 모습과 일제강점기 당시 수탈의 현장 그리고 항구 도시로서의 군산의 다양한 모습을 함축적으로 잘 보여주고 있습니다. 진포해양공원에서 근대미술관과 건축관을 거쳐 이곳까지 왔다면, 근대산업유산 예술창작벨트의 전반적인 흐름을 통해 군산의 독특한 문화가 어떤 것인지 조금은 알게 되었을 것입니다.

군산근대역사박물관

京城 고무
兄弟고무신房
人力
만월표
고무신

장미갤러리

주소 & 연락처
전라북도 군산시 해망로 232
063-454-7870

요금 & 시간
입장료 무료

장미갤러리는 근대산업유산 예술창작벨트 안에 위치해 있고, 아름다운 마당을 미즈커피와 공유하고 있습니다. 누구나 한 번쯤 발걸음이 이끌리게 되는 장소입니다. 또한 장미갤러리는 훌륭한 작가의 작품들을 더욱 돋보이게 하는 공간의 독특함으로 더욱 유명합니다.

입구에 들어서면 일반적인 근대건축물과 비슷해 보이지만 2층에 오르면 소규모 건물임에도 내부 기둥 없이 목조 트러스가 지붕 전체를 받치고 있는 모습에서 눈을 떼기 힘들 것입니다. 당시 건축적으로 철골 구조가 발달하지 않았기 때문에 내부 공간을 넓게 쓰고자 할 때 목재로 트러스를 짜고 그 위에 대공을 세워 지붕의 하중을 분산시켰다고 합니다. 그 구조를 눈으로 직접 볼 수 있는 흔치 않은 기회가 장미갤러리에 있습니다. 하나의 작품 같은 갤러리 건물이 미술품들을 더욱 빛내는 공간입니다.

미즈커피

음식맛 ★★★★
음식양 ★★★★☆
입지 ★★★★☆
시설 ★★★★
청결 ★★★★
친절 ★★★★

주소 & 연락처

전라북도 군산시 해망로 232
063-446-2867

메뉴 & 시간

아메리카노 3,500원, 카푸치노 4,000원, 카페라떼 4,000원,
라떼 4,500원, 핫초코 4,000원, 홍차(다즐링, 얼그레이, 실론) 5,000원,
루이보스, 로즈마리 5,000원, 스무디 5,000원, 에이드 4,500원
예산 2인 기준 7,000~10,000원
영업 시간 11:00~22:00

미즈커피는 일제강점기에 은행과 무역회사로 쓰였던 공간입니다. 현재는 앞서 소개한 장미갤러리와 함께 군산산업유산 예술창작벨트 지역에서 방문객들이 가장 선호하는 장소이기도 합니다. 아름다운 앞마당을 지나 입구에 들어서면 단아한 모습의 카페가 있으며 2층으로 올라가면 북카페로 운영되는 다다미방이 있습니다. 2층의 다다미방에서 창밖을 내다보면 근대역사박물관과 주변이 한눈에 들어옵니다. 군산의 다양한 모습까지 미즈커피에서 그려볼 수 있습니다.

잠시 쉬어가는 공간인 카페가 여행지의 분위기와는 동떨어진 모습으로 만들어져 여정의 감성이 흐트러뜨리는 경우가 많은데, 미즈커피는 군산 근대역사문화 기행의 느낌을 그대로 살려내는 공간이라 할 수 있습니다. 이곳에서 근대역사 여행의 진한 감성을 그대로 느껴보길 바랍니다.

군산횟집

음식 맛	★★★★
음식 양	★★★★☆
입지	★★☆
시설	★★★
청결	★★★
친절	★★★★

주소 & 연락처

전라북도 군산시 내항2길 173
063-442-1114
www.kunsanseafood.com

메뉴 & 시간

모둠회 80,000원~140,000원, 광어·우럭 80,000원~140,000원,
도미·농어 85,000원~145,000원, 대하찜 80,000원~120,000원,
해삼·멍게 30,000원, 대하탕 12,000원, 회정식 25,000원,
회덮밥 15,000원
예산 2인 기준 30,000~80,000원
영업 시간 11:30~21:00

군산횟집은 횟집에서 기대할 만한 모든 소양을 충실히 갖춘 횟집입니다. 우선 군산횟집은 멋진 군산의 앞바다를 배경으로 하고 있습니다. 또 단순히 상차림을 위한 밑반찬을 내어놓는 것이 아닌 식사하는 사람들이 진정으로 원할 만큼 맛도 좋고 종류도 다양한 밑반찬을 내어놓습니다. 쫄깃함과 신선함이 동시에 입안 가득 느껴지는 회까지 더해지니 모든 소양을 갖추었다고 할 만합니다.

군산횟집을 방문하고 가장 놀란 점은 10여 층에 달하는 건물 전체가 횟집이라는 점, 놀랍게도 모든 층이 손님으로 북적인다는 점, 1층 전체가 수조로 이루어져 있으며 바닷물이 천장에서 떨어지는 모습을 볼 수 있다는 점 등 어느 횟집에서도 보지 못한 장관이 펼쳐져 놀랄 수밖에 없었습니다. 지금까지 다녀본 수많은 횟집들 중에서도 단연 기억에 남는 곳. 군산횟집입니다.

미림

주소 & 연락처

전라북도 군산시
검다메1길 17-4
063-451-0019

메뉴 & 시간

생목살 연탄구이(200g) 10,000원, 항정살(200g) 10,000원,
껍데기 5,000원, 제육볶음 8,000원, 김치찌개 6,000원
예산 2인 기준 20,000~36,000원
영업 시간 17:00~22:00

미림은 군산의 맛집을 말할 때 빼놓을 수 없는 곳입니다. 이곳의 대표 메뉴는 생목살 연탄구이와 김치찌개입니다. 식당 위치나 시설이 뛰어난 것은 아니지만 지글지글 연탄에 구워먹는 생목살은 고기 향과 보들보들한 육질이 잘 살아 있어, 여행객뿐만 아니라 현지인에게도 인기 만점입니다. 일반 불판에 구워먹는 고기와 연탄불에 직화로 먹는 고기는 향과 맛이 확연히 다르기 때문입니다. 고기를 다 구워 먹었다면 김치찌개도 맛보길 바랍니다. 넓은 양푼에 나오는 김치찌개는 고기를 먹고 난 후의 느끼함을 깔끔하게 마무리해줄 것입니다. 좁은 골목 안에 위치하여 간판을 찾기가 어려우니 주차는 근처에 미리 해두고 도보로 찾아가기를 바랍니다.

베스트웨스턴 호텔

주소 & 연락처

전라북도 군산시
새만금북로 435
063-469-1234
www.gunsanhotel.co.kr

요금 & 시간

스탠더드 더블 198,000원, 스탠더드 트윈 220,000원,
디럭스 트윈·레지던스 242,000원
추가 인원 11,000원
입실 시간 14:00 / **퇴실 시간** 12:00

군산이 독특한 근대 도시의 모습과 다양하고 풍부한 맛집들로 여행객들을 불러들였지만, 단 한 가지 제대로 된 숙소가 부족해 아쉬움이 컸습니다. 하지만 최근 시내에서 20분만 이동하면 도착할 수 있는 특급 호텔이 새만금에 생겼습니다. 군산 여행의 정점을 찍은 셈입니다.

베스트웨스턴호텔에 들어서면 광활한 새만금의 경관은 모두 이곳을 위한 배경처럼 느껴집니다. 로비에서부터 객실 구석구석까지 호텔 모든 곳에서 깨끗함과 편안함이 느껴집니다. 객실은 다른 특급 호텔의 구성과 비슷하지만 욕실은 조금 더 우수한 구성을 갖고 있습니다. 2층에 있는 사우나도 꼭 방문해보십시오 다만 남성 사우나만 있다는 점을 참고해야 합니다. 군산 여행을 자신 있게 추천할 수 있었던 마지막 퍼즐, 베스트웨스턴호텔에서 군산 여행의 밤을 편안하게 보내기 바랍니다.

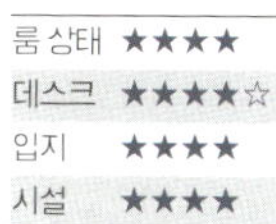

애플트리호텔

주소 & 연락처

전라북도 군산시 가도안1길 17
063-734-1234
appletreehotels.com/gunsan/
portfolio-2-columns.html

요금 & 시간

싱글베드(1인) 주중 66,000원, 주말 66,000원
트윈베드(2인) 주중 77,000원, 주말 82,000원
디럭스킹베드(2인+1인) 주중 99,000원, 주말 104,000원
스위트(2인+2인) 주중 132,000원, 주말 137,000원
추가 인원 11,000원
입실 시간 15:00 / **퇴실 시간** 12:00

최근 군산에는 새만금 인근에 신축 호텔이 여럿 들어섰습니다. 그중에서 가격 대비 만족도가 높은 애플트리호텔을 추천하려 합니다. 이곳은 비지니스호텔로 군산산업단지를 방문한 사람들에게 특화된 호텔이지만 여행으로 군산에 온 사람들에게도 부족함이 없습니다.

애플트리호텔의 장점을 몇 가지 정리해보면 먼저 가격입니다. 비슷한 수준과 콘셉트의 호텔 체인인 이비스와 비교해보면 시설적인 면에서 큰 차이가 나지 않지만 가격은 30퍼센트 이상 저렴합니다. 시설이 절대 뒤떨어지는 것이 아니며 간단하지만 조식도 제공된다는 점을 고려하면 장점이 많은 호텔입니다.

창문 너머로 새만금이 한눈에 들어오며 다음날 새만금방조제를 넘어 변산으로 가기에도 가장 좋은 위치에 있습니다. 적당한 가격과 친철함을 겸비한, 특급 호텔 못지않은 애플트리호텔에서 하룻밤을 묵어보길 바랍니다.

초원사진관

주소 & 연락처

전라북도 군산시 구영2길 12-1
063-445-6879

요금

입장료 무료

영화 <8월의 크리스마스>를 사랑하는 많은 분들의 성원에 힘입어 초원사진관은 현재 영구 보존되어 관광객들이 언제 찾아도 기념사진을 찍고 갈 수 있도록 관리, 운영되고 있습니다. 방치되었던 예전 모습은 사라졌고, 당시의 모습을 볼 수 있는 영상을 비롯하여 영화의 추억을 되새길 수 있게끔 구성해 군산시에서 직접 운영하고 있습니다.

첫째 날이 군산 근대산업유산 예술창작벨트와 함께하는 여행이었다면 둘째 날 초원사진관에서부터의 여정은 근대를 배경으로 한 영화 속 장소를 찾아가보는 영화 따라잡기 코스입니다. 영화와의 새로운 교감은 가슴속의 감수성을 자극하여 여행의 깊이를 더욱 깊게 만들어줄 것입니다. 이제 <8월의 크리스마스> 속 초원사진관에서부터 시작하겠습니다. 이후 이동하는 모든 지점들은 도보를 이용하여 공간의 흐름을 느껴보길 바랍니다.

군산 신흥동
일본식 가옥

주소 & 연락처
전라북도 군산시 구영1길 17
(관광진흥과) 063-450-6110

요금
입장료 무료

문화재 정보
국가등록문화재 제183호
지정일 2005년 06월18일
시대 일제강점기

공식 명칭은 '신흥동 일본식 가옥'이지만 '히로쓰가옥'으로 더 많이 알려져 있는 이곳은 근대를 배경으로 하는 수많은 영화에 등장한 장소입니다. 특히, 영화 <타짜>에서 평경장의 집으로 고니가 기술을 익히고 생활하였던 그곳입니다. 집 앞의 자주색 담에서부터 마당과 복도 등 모든 장소가 <타짜>를 보았던 분들에게는 친근하게 다가올 것입니다. 영화 <장군의 아들>과 <바람의 파이터>도 이곳에서 촬영했다고 합니다.

전형적인 일본식 가옥이지만 우리나라의 물자와 인력으로 만들었으니 일본식이라 외면하기보다는 우리 역사의 한 부분이라 생각하고 방문해보기 바랍니다. 긴 복도와 겹집의 형태로 다양한 공간을 형성하고 있으며 2층에 올라가면 1층과는 또다른 공간의 맛이 느껴집니다. 한옥이 내외부간 공간의 흐름에 중점을 두고 있다면 일본식 가옥은 내부의 다양성과 내부에서 바라보는 외부의 모습에 주안점을 두고 있다는 점을 알 수 있습니다.

한일옥

주소 & 연락처
전라북도 군산시 구영3길 45-1
063-446-5491

메뉴 & 시간
무국 6,500원, 닭국 5,500원, 시래기국 5,500원, 콩나물국 5,000원, 육회비빔밥 6,500원, 김치찌개 5,500원
예산 2인 기준 10,000~13,000원
영업 시간 03:00~21:30

색다른 볼거리 때문에 군산을 찾아오는 사람들도 있지만, 많은 사람들이 먹거리 때문에 군산을 찾아온다고 합니다. 군산에는 아는 사람만 찾아온다는 식당들이 여럿 있습니다. 물론 어느 지역이든지 유명한 맛집이 있지만 군산의 유명한 식당들은 전국구라 생각하면 됩니다.

한일옥은 군산을 찾아오는 이들의 필수 맛집 중 하나입니다. 소고기무국과 육회비빔밥으로 정평이 나 있습니다. 소고기무국의 깊은 맛에 멀리에서 달려온 여행객들도 감탄합니다. 직접 도축한 소고기만 사용한다는 육회비빔밥은 주말에는 주문이 안 된다는 점 참고하십시오.

이성당빵집

주소 & 연락처

전라북도 군산시 중앙로 177
063-445-2772

메뉴 & 시간

쌀단팥빵 1,200원, 야채빵 1,400원, 소보로 1,000원, 생도넛 1,000원, 고로케 1,500원, 슈크림 1,200원
예산 2,000원~
영업 시간 07:30~22:30

군산에는 '국내 유일' 혹은 '최고'라는 수식어가 붙은 곳이 참 많습니다. 이번에 소개하는 이성당 또한 단순히 맛좋은 동네 빵집이 아니라 근대부터 이어져온 우리나라 최초의 진정한 빵집입니다. 이처럼 이성당은 맛에 대한 진정성으로 지금까지 사랑 받고 있는 우리나라 최초, 최고의 빵집입니다.

이성당 빵이 사랑받는 이유는 두 가지라 생각합니다. 먼저 밀가루가 아닌 쌀가루를 이용하여 빵을 만들기 때문에 맛이 아주 담백합니다. 두번째는 가격 때문인데 그 옛날 밥을 못 먹던 이들이 쉽게 빵을 사먹을 수 있도록 했던 빵 가격에 대한 소신이 지금까지 이어져 가격이 비싸지 않습니다. 운영 시간 내내 빵을 사려는 사람들로 북적대는 모습을 볼 수 있고 특히 단팥빵과 야채빵은 나오는 족족 사라지기 일쑤니 참고하기 바랍니다. 하나 더! 택배 발송도 가능합니다.

동국사

주소 & 연락처
전라북도 군산시 동국사길 16
063-462-5366
www.dongguksa.or.kr

요금
입장료 무료

문화재 정보
국가등록문화재 제64호
지정일 2003년 07월15일
수량/면적 1동, 479.3㎡
시대 일제강점기

동국사는 일제강점기에 지어져 지금까지 명백을 유지하고 있는 국내 유일의 일본식 사찰로 문화적인 가치가 높습니다. 우리 불교 문화의 주류는 고대에서 중세를 거쳐 내려오는 문화역사적 원형을 간직한 사찰들이지만, 문화의 다양성 측면에서 보았을 때 일본식 사찰 또한 간과해서는 안 될 소중한 우리 문화유산이 아닐까 생각합니다.

　주택가 골목을 따라 들어서면, 우리 사찰에서 흔히 보았던 일주문이나 사천왕문 없이 마당과 정원이 펼쳐져 있고 그 안으로 아담한 대웅전이 자리잡고 있는 모습을 볼 수 있습니다. 외부에서 바라보면 화려한 공포나 단청은 없지만 일본식 건축의 특징인 아기자기함이 살아 있습니다. 대웅전 내부로 들어서면 단차가 있는 마루와 오른쪽으로 회랑이 연결되어 있는 점 등이 굉장히 독특하니 내부까지 꼼꼼히 살펴보기 바랍니다.

변산   순간 정지 여행

인공 호수처럼 무미건조하고 차가운 회색빛 도시로부터 하루쯤은 멀리 떨어져 사색의 시간을 갖고 싶어 하는 분들을 위해 이번 여행을 계획했습니다. 그렇다고 자연만 감상하는 지루한 여행이 아니라 가족, 연인과 함께 체험을 즐길 수 있도록 해, 잔잔하지만 다채로운 여행을 구성했습니다.

변산에 진입하는 방법은 두 가지가 있습니다. 군산의 새만금을 거쳐 첫번째 경유지로 향하는 방법과 서해안고속도로 부안IC에서 곧장 경유지로 접근하는 방법입니다. 오전에 일찍 출발한 분들이라면 첫번째 방법대로, 국내 최장거리 직선도로인 새만금을 달려 변산으로 진입해본다면 좀더 기억에 남는 시작이 될 것입니다.

당장이라도 도심을 떠나고 싶었던, 가슴이 답답했던 분들에게는 변산이 가진 치유의 힘이 가슴 깊게 작용할 것입니다. 그동안 '여행'에 대해 갖고 있었던 환상이 변산에서는 현실로 이루어지게 될 것입니다. 각기 다른 색을 가진 새만금과 곰소항, 격포항에서 다양한 체험과 휴식의 시간을 보내기를 바랍니다.

변산   순간 정지 여행

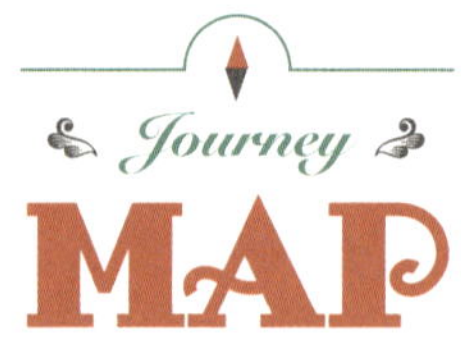

1일 ① ➡ ⑥ 북부권+남부권+서부권
2일 ⑦ ➡ ⑨ 서부권

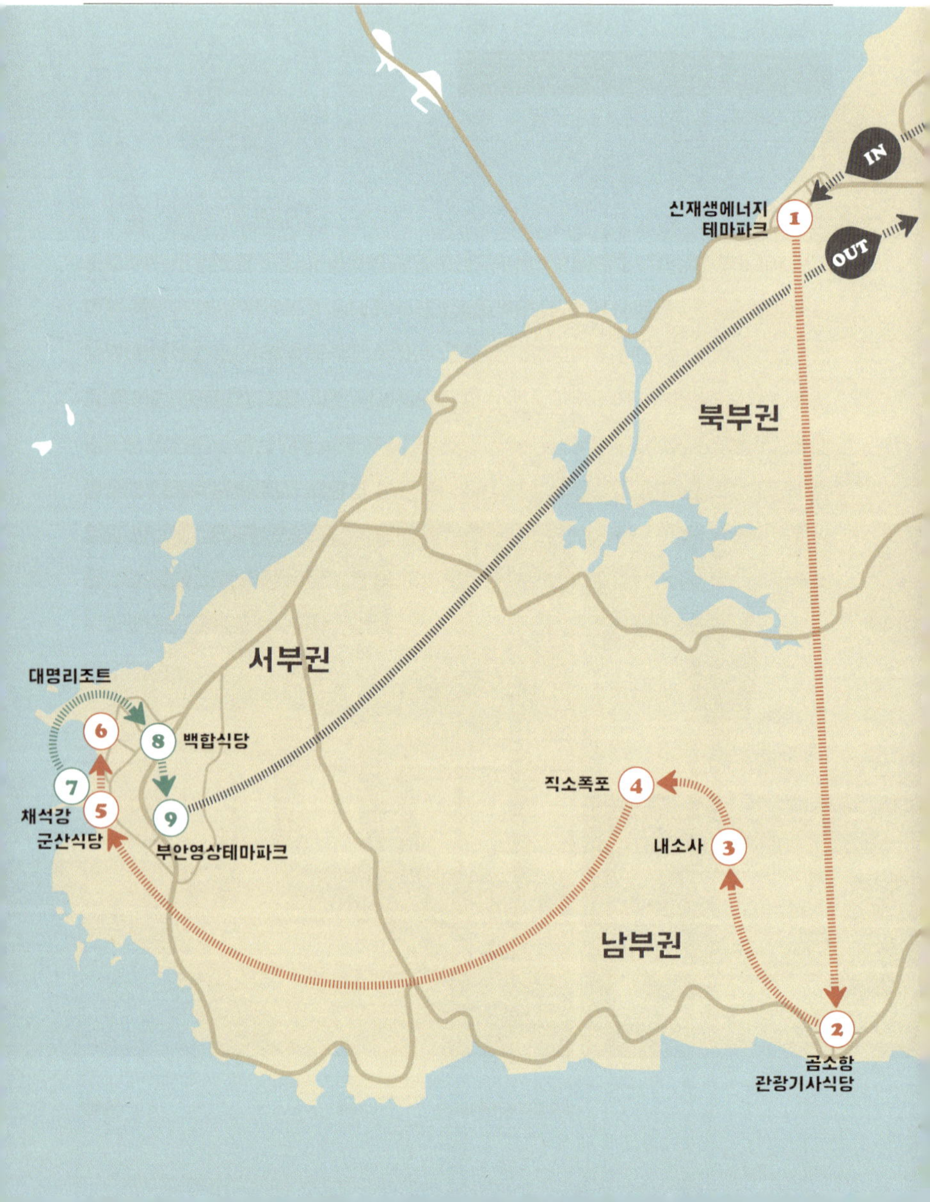

총거리 539.5km

총비용 175,100원

1일	거리(km)	산정 기준		비용(원, 2인 기준)
출발 ➜ ①	225.9	통행료	부안IC	12,800
①	0.0	입장료+4D	신재생에너지테마파크	8,000
① ➜ ②	28.5	젓갈백반	곰소항관광기사식당	20,000
② ➜ ③	4.4	입장료+주차료	내소사	7,500
③ ➜ ④	19.2	주차료	직소폭포	4,000
④ ➜ ⑤	14.0	백반	군산식당	14,000
⑤ ➜ ⑥	1.2	리조트패밀리(주중)	대명리조트	68,000
지점 합계	67.3			
합계	**293.2**			**134,300**

2일	거리(km)	산정 기준		비용(원, 2인 기준)
⑥ ➜ ⑦	1.1		채석강	
⑦ ➜ ⑧	0.6	백합죽	백합식당	20,000
⑧ ➜ ⑨	2.2	입장료	부안영상테마파크	8,000
지점 합계	3.9			
⑨ ➜ 도착	242.4	통행료	서울톨게이트	12,800
합계	**246.3**			**40,800**

★ 숙박은 시즌에 따라 가격 변동, 유류비 미포함

북부권+남부권
+서부권

거리	서울 - 변산	225.9km
	경유 지점	67.3km
비용	통행+식대+관람+숙박	134,300원

첫 일정은 새만금을 거쳐 신재생에너지테마파크로 향하도록 했습니다. 만약 출발이 늦어 시간이 촉박하다면 곧장 변산으로 진입해 신재생에너지테마파크로 가도 좋습니다. 오후에는 변산 북부를 거쳐 남부의 내소사와 직소폭포를 가볼 예정입니다. 체력이 좋은 분이라 해도 내소사에서 직소폭포로 갈 때에는 차량을 이용하여 움직이는 편이 편리합니다. 내소사에서 직소폭포까지 도보로 가는 것은 시간적으로나 여행의 목적상으로나 적합하지 않기 때문입니다.

숙박은 격포항의 대명리조트에서 해도 좋고 최근 새로 건립된 모항해나루가족호텔을 이용해도 좋습니다. 모항은 최근 변산에서 가장 각광받는 지역이라는 점 참고 바랍니다.

북부권
남부권
서부권

서울
서울-서해안고속도로 부안IC
AM 08:00
180분
AM 11:00

1 신재생에너지테마파크
80분
PM 12:20

40분
PM 01:00

2 곰소항관광기사식당
60분
PM 02:00

10분
PM 02:10

3 내소사
90분
PM 03:40

30분
PM 04:10

4 직소폭포
90분
PM 05:40

20분
PM 06:00

5 군산식당
80분
격포어촌계회센터
PM 07:20

10분
PM 07:30

6 대명리조트
모항해나루가족호텔

서부권

거리	경유 지점	3.9km
	변산-서울	242.4km
비용	통행+식대+관람	40,800원

둘째 날은 먼저 채석강을 방문하겠습니다. 모항에서 숙박을 한 분들은 모항해변에서 산책하는 것으로 채석강 일정을 대신했습니다. 다만 시간에 여유가 있는 분들은 모항해변을 거쳐 격포에서 식사를 한 후 채석강을 둘러보아도 크게 무리가 없을 것입니다. 마지막으로 <왕의 남자>를 비롯한 수많은 사극의 촬영이 이루어진 부안영상테마파크를 들르겠습니다.

     변산   순간 정지 여행

숙소 or 주변 조식 — AM 10:30

10분

7 채석강 👍
모항해변(산책) — AM 10:40 / 60분 / AM 11:40

10분

8 백합식당 — AM 11:50 / 60분 / PM 12:50

10분

9 부안영상테마파크 — PM 01:00 / 120분 / PM 03:00

210분

서울 서해안고속도로 부안IC-서울 — PM 06:30

신재생에너지 테마파크

주소 & 연락처

전라북도 부안군 하서면
신재생에너지로 10
063-580-1400
nrev.or.kr

요금

입장료 어른 2,000원, 청소년·군인 1,500원, 어린이 1,000원
4D 입장료 2,000원
운영 시간 11~2월 09:00~17:00 / 3~10월 09:00~18:00
휴관일 매주 월요일, 설날/추석 당일, 1월 1일

첫 일정으로 신재생에너지테마파크를 선정한 것은 이곳이 아이들과 함께하는 가족 여행객들에게 훌륭한 체험 장소가 되기 때문입니다. 신재생에너지테마파크는 새만금을 통해 변산으로 진입하는 초입에 위치해 있습니다. 때문에 오전에 일찍 출발하여 새만금을 거쳐 오는 분들이 들르면 좋습니다. 출발이 늦어 시간이 다소 촉박한 분들은 새만금을 생략하고 곧장 에너지테마파크로 향해도 좋습니다.

이곳은 전국에 있는 다양한 테마파크 중에서도 짧은 시간에 높은 수준의 내용을 체험할 수 있는 테마파크입니다. 아이들과 함께 온 분들은 4D체험관을 꼭 들러보길 바랍니다. 예상 소요 시간으로 잡은 80분이라는 시간이 조금 촉박할 수 있지만, 다양한 변산을 겪을 수 있는 다음 일정을 위해 적당한 시간 분배를 부탁드립니다.

곰소항
관광기사식당

주소 & 연락처

전라북도 부안군 진서면
청자로 897

063-581-8222

메뉴 & 시간

곰소항정식 20,000원, 꽃게장정식 18,000원, 젓갈백반 10,000원,
돌게장정식 10,000원, 백반 7,000원, 생합죽 10,000원,
바지락칼국수 7,000원, 해물칼국수 8,000원

예산 2인 기준 14,000~40,000원

영업 시간 07:00~21:00

변산에서 가장 유명한 먹거리는 젓갈입니다. 그리고 곰소항은 그 젓갈의 중심이라 할 수 있습니다. 내소사 인근인 곰소항에 오셨으니 점심식사로 젓갈정식을 추천해봅니다. 곰소항관광기사식당은 비싸지 않은 가격에 다양한 종류의 젓갈을 맛볼 수 있는 식당입니다. 젓갈백반을 주문하면 1인당 1만 원이라는 가격에 7가지의 젓갈과 밑반찬, 탕까지 먹을 수 있습니다. 식당을 찾아 여기저기 찾아 헤매지 마시고 곰소항관광기사식당을 이용해보길 바랍니다. 입구 오른편에 현지 생산된 젓갈을 저렴한 가격에 판매하고 있으니 선물용으로 구입해도 좋습니다.

내소사

주소 & 연락처

전라북도 부안군 진서면
내소사로 243
063-583-3035
www.naesosa.org

요금 & 시간

입장료 어른 3,000원, 청소년
1,500원, 어린이 500원
주차료 소형 1,000원
중형 1,500원
개방 시간 하절기 08:00~18:00
동절기 08:30~17:30

문화재 정보

전라북도 기념물 제78호
수량/면적 16,737㎡
지정일 1986년 09월 09일

사찰을 찾는 분들은 문화적인 가치뿐만 아니라 그곳이 가지고 있는 장소적인 가치를 좀 더 중요하게 여기는 경향이 있습니다. 그런 측면에서 내소사가 많은 사람들에게 사랑받는 것이 아닌가 생각합니다. 내소사는 공간의 흐름을 4단계로 나눌 수 있는데, 그 과정이 아주 아름답게 흐르고 있어 누구든 내소사의 흐름을 느끼고 나면 감동을 받곤 합니다.

먼저 일주문을 지나면 좌우로 전나무숲이 쫙 펼쳐집니다. 가파르지 않은 전나무 숲을 지나면 MBC 드라마 <대장금>이 촬영되었던 연못과 사천왕문이 등장합니다. 사천왕문을 넘으면 일반적으로 볼 수 있는 사동중정형이 아닌 다채로운 모습의 내소사 앞마당이 차분히 놓여 있습니다. 마지막으로 누 밑을 지나 계단을 오르면 내소사 대웅보전이 눈높이에 맞추어 차츰차츰 나타납니다.

대웅보전에 오르면 우리나라에서 가장 아름다운 꽃살문이라 알려진 창호를 눈여겨보기 바랍니다. 내소사는 한마디로 디테일이 살아 있는 절입니다. 아기자기한 멋이 있고 주변의 경관을 그대로 살린 다양한 공간 구성. 내소사는 우리나라에서 가장 아름다운 절이라 부르기에 손색이 없습니다.

변산　　　순간 정지 여행　　　1일차

직소폭포

주소 & 연락처
전라북도 부안군 변산면
실상길 52
063-582-7808

요금 & 시간
주차료 1천cc 이하 2,000원. 1천cc 이상 4,000원
(성수기 1천cc 이상+1,000원)

전국에서 가장 아름다운 풍경을 가진 곳이 변산반도라고 말하는 사람들이 많습니다. 변산반도의 아름다움에는 직소폭포가 가장 큰 역할을 하지 않았나 생각합니다. 직소폭포는 폭포만 덩그러니 있는 것이 아니라 물과 산, 대지가 서로 절묘하게 어우러져 무척 아름답습니다. 사람을 끌어당기는 매력이 있는 장소입니다.

변산에서 다시 찾고 싶은 장소 1순위를 뽑아보라면 저 또한 주저하지 않고 직소폭포를 이야기할 것입니다. 이전 일정으로 소개했던 내소사를 느끼고 이곳 직소폭포까지 보았다면, 그동안 자신을 괴롭혀왔던 스트레스가 지금 이 순간만큼은 딱, 정지하는 것을 느끼게 될 것입니다. 내소사에서 차량으로 이동하는 경우에는 산을 돌아와야 하는 번거로움이 있지만, 내소사에서 직소폭포로 걸어서 바로 오는 것은 자제해주기를 바랍니다.

군산식당

주소 & 연락처

전라북도 부안군 변산면
격포항길 16
063-583-3234

메뉴 & 시간

백반(2인 이상 주문) 7,000원, 바지락죽 10,000원, 바지락콩나물국밥 7,000원, 충무공정식(4인 이상 주문 가능) 11,000원, 특선세트 70,000원, 백합세트 60,000원, 우럭매운탕(중) 40,000원, (대) 50,000원, 꽃게탕(중) 40,000원, (대) 50,000원, 해물탕(중) 40,000원, (대) 50,000원

예산 2인 기준 14,000~40,000원 / **영업 시간** 08:00~21:00

푸짐한 저녁식사를 꿈꾸고 있다면 군산식당을 강력히 추천합니다. 상다리가 부러질 듯 푸짐하게 나오는 충무공정식을 주문해도 좋고, 인원수가 되지 않거나 좀더 저렴한 가격에 식사를 즐기고 싶다면 다양한 밑반찬과 구수한 된장찌개가 함께 나오는 백반도 괜찮은 선택이 될 것입니다.

전라도 음식은 보통 달고 짜다고 생각하는 경우가 많지만, 군산식당의 음식은 자극적이지 않으며 향이 강하지 않고 뒷맛이 개운합니다. 특히, 갑오징어무침과 돌게장을 맛본다면 변산을 찾는 유명 인사들이 왜 이곳을 자주 찾아오는지 이유를 금방 알게 될 것입니다. 식사 후에는 조금만 걸어 나와 저녁바다 풍경이 넘실대는 격포항을 둘러보아도 좋습니다.

격포어촌계
회센터

주소 & 연락처

전라북도 부안군 변산면
격포항길 24-5
063-583-5521

메뉴 & 시간

도미·농어(1kg) 60,000원, 광어·우럭(1kg) 50,000원,
낙지 한 접시 20,000원, 해삼·소라 한 접시 20,000원
예산 2인 기준 50,000~80,000원
영업 시간 10:30~21:00

바닷가에 왔으니 회를 먹고 싶어 하는 분들도 분명 많을 것입니다. 그래서 이번에는 활어를 직접 보고 구입하여 그 자리에서 먹을 수 있는 격포어촌계회센터를 소개합니다. 격포항에는 대명리조트 앞으로 회 전문점들도 있어 그곳에서 식사하는 것도 나쁘진 않습니다. 하지만 격포항 수산물시장의 생생한 분위기 속에서, 또 적절한 가격에 회를 먹는 것이 더 좋지 않을까 생각합니다.

격포어촌계회센터의 특징은 회 가격이 정찰제로 되어 있어 어느 가게에서 구입해도 같은 가격에 회를 살 수 있다는 것입니다. 흥정을 약간 할 수도 있겠지만 정찰제의 가격이 비싼 편이 아니니 회의 상태와 친절도만 확인하고 식사할 곳을 정하면 됩니다. 회 가격에 곁들이 음식과 탕의 가격까지 포함되어 있으니 걱정 없이 저녁식사를 즐기면 됩니다.

대명리조트

주소 & 연락처

전라북도 부안군 변산면
변산해변로 51
063-580-8800
www.daemyungresort.com

요금 & 시간

리조트패밀리 주중 60,000~68,000원, 주말 76,000원
리조트스위트 주중 73,000~82,000원, 주말 90,000원
호텔패밀리 주중 81,000~88,000원, 주말 91,000원
호텔스위트 주중 96,000~103,000원, 주말 107,000원
추가 인원 5,500원(패밀리, 스위트)
입실 시간 14:00(성수기 15:00) / **퇴실 시간** 12:00(성수기 11:00)

내소사, 채석강, 직소폭포…… 유명한 경승지로 변산을 알고 있는 분들도 있고 생각 외로 대명리조트로 변산을 처음 접하게 된 분들도 많습니다. 변산이 아무리 좋은 자연환경을 가지고 있다 해도 만약 대명리조트가 없었다면 여행지로서 제 빛을 보지 못했을 것입니다.

변산 대명리조트는 클라우드9호텔과 리조트가 함께 있어 여행객의 기호에 맞는 객실을 선택할 수 있습니다. 사계절 내내 리조트 내 워터파크를 이용할 수 있고, 리조트 뒤에는 채석강과 격포항을 품고 있어 여행에 필요한 것들을 리조트 주변에서 해결할 수 있는 최고의 리조트라 할 수 있습니다. 다른 지역 대명리조트는 1년 내내 빈 방을 찾기 어렵지만 이곳은 객실의 여유가 있고 시설 또한 매우 훌륭한 편이니 변산 여행의 하룻밤은 이곳에서 지내보는 것 어떨까요?

모항해나루
가족호텔

주소 & 연락처

전라북도 부안군 변산면
모항해변길 73
063-580-0700
www.haenaruhotel.co.kr

요금 & 시간

호텔형 더블·트리플(산 전망) 200,000원, 트리플(바다 전망) 220,000원
콘도형 스탠더드(4+2인) 260,000원, 디럭스(4+2인) 360,000원
추가 인원 5,500원
입실 시간 14:00(성수기 15:00) / **퇴실 시간** 12:00(성수기 11:00)

이전에는 대부분 대명리조트만이 변산 여행객들의 숙박을 해결해주곤 했지만, 모항해나루가족호텔이 생기며 상황이 순식간에 바뀌었습니다. 숙박할 곳을 정해놓아야 여행의 동선을 짤 수 있고 훌륭한 여행 일정을 계획할 수 있기 때문에 여행에서 숙박은 참 중요한 요소입니다. 때문에 모항해나루가족호텔은 변산 여행을 좀더 다채롭게 만들어 주는 힘이 됩니다.

모항해나루가족호텔은 전라북도에서 직영하는 호텔입니다. 가족 호텔이라는 콘셉트에 맞추어 콘도식, 호텔식, 복층 구조의 객실 등 다양한 기호의 가족 여행객들을 맞이할 수 있도록 만들어졌습니다.

부대시설로 야외 수영장과 바비큐장까지 설치되어 있습니다. 호텔이라기엔 조금은 어설프지만 리조트에 비해 시설과 주변 여건이 좋고, 변산 여행의 다양성을 한 층 높여준 변산 최고의 호텔이 아닐까 생각합니다.

채석강

주소 & 연락처

전라북도 부안군 변산면
채석강길
063-582-7808

둘째 날 첫 일정은 변산의 대표 경승지인 채석강입니다. 중국의 채석강만큼 규모가 큰 것은 아니지만 우리나라 자연의 다양함을 느껴볼 수 있는 좋은 기회입니다. 채석강을 감상하는 방법은 두 가지가 있습니다. 격포항에서 접근하여 격포해수욕장 방면으로 돌아보는 방법과 격포해수욕장 방면에서 시작하여 반대로 격포항으로 돌아가며 감상하는 방법입니다. 멀리서 바라보는 채석강의 모습과 가까이에서 바라보는 채석강의 모습은 서로 다른 느낌을 줍니다. 천천히 주변을 돌면서 다채로운 모습을 감상해 보기 바랍니다.

모항해변
(산책)

주소 & 연락처
전라북도 부안군 변산면
모항길 23-1
063-580-4739

모항은 아름다운 해변과 캠핑장을 가지고 있고, 최근에는 모항해나루가족호텔까지 문을 열면서 부족한 것 없는 변산의 중요 관광단지가 되었습니다. 지금까지 변산의 중심이 격포항이었다면 현재 가장 떠오르는 곳이 바로 모항입니다. 이번에 추천하는 모항해변 산책은, 일단 모항해나루가족호텔이나 인근에서 숙박을 한 분들에게 적합한 일정입니다.

모항해나루가족호텔이 건립되면서 함께 조성된 산책길은 모항해변에서 곧바로 이어지도록 되어 있습니다. 정자를 비롯한 전망대까지 잘 갖추고 있으니 해변의 정취를 느끼며 천천히 거닐어보기를 바랍니다. 호텔 내에서 조식을 먹었다면, 뒤에서 소개할 부안영상테마파크를 먼저 관람하고 격포항으로 이동해서 식사를 해도 좋을 것입니다.

백합식당

주소 & 연락처

전라북도 부안군 변산면
변산해변로 17
063-584-7467

메뉴 & 시간

백합죽 10,000원, 백합돌솥밥 12,000원, 백합정식(소) 60,000원,
(대) 100,000원, 백합탕(소) 30,000원, (대) 50,000원, 백합구이(소)
30,000원, (대) 50,000원, 바지락무침(중) 25,000원, (대) 35,000원
예산 2인 기준 20,000~50,000원
영업 시간 08:00~21:00

백합죽은 변산의 음식 중 빼놓을 수 없는 별미입니다. 그래서 변산에 있는 대부분의 식당에서 백합죽을 맛볼 수 있긴 하나 제대로 된 백합죽을 맛보고 싶다면 백합식당을 찾아가보길 추천합니다.

백합은 껍데기가 두껍고 단단하며 매끈한 모양을 하고 있는 조개로 육질이 뛰어나고 은은한 향기를 풍겨 조개 중에서도 으뜸으로 꼽힙니다. 특히 최근에는 간척사업의 영향으로 예전만큼 찾아보기가 쉽지 않은 조개입니다.

죽인데 뭐 특별한 점이 있을까 생각할 수도 있지만, 백합에서 우러나오는 깊은 맛이 쌀과 잘 어우러져 지금까지 먹어본 죽과는 확연히 다르다는 느낌을 받을 것입니다. 백합식당의 백합죽을 주문하면 다양한 밑반찬과 탕이 함께 나오는데, 백합탕의 국물은 영양가가 높고 숙취에도 좋습니다.

부안
영상테마파크

주소 & 연락처

전라북도 부안군 변산면
격포로 309-64
063-583-0975
www.buanpark.com

요금 & 시간

입장료 어른 4,000원, 경로·청소년 3,500원,
　　　　어린이, 장애인, 국가유공자 3,000원
운영 시간 평일 09:00~18:00 / 주말 09:00~18:30
　　　　성수기 평일 30분, 주말 1시간 연장,
　　　　극성수기(7월 19일~8월 25일) 1시간 30분 연장

네, 맞습니다. 이곳이 영화 <왕의 남자>를 촬영한 바로 그곳입니다. 전국에는 사극 촬영 장소가 많습니다. 문경의 KBS오픈세트장이나 용인의 MBC드라마 세트장 드라미아도 규모가 크지만, 최근 성공을 거둔 사극 수를 헤아려본다면 부안영상테마파크가 진정한 사극의 메카라고 할 수 있습니다. 영화 <왕의 남자> <쌍화점> <광해, 왕이 된 남자> <나는 왕이로소이다>, 드라마 <천추태후> <해를 품은 달> <장옥정> <인수대비>를 이곳에서 촬영했습니다.

　　내부에는 드라마 촬영장을 비롯한 촬영 의상 대여소, 목공예 및 도자기 만들기 등 다양한 체험 장소가 있으며 입구에서 전기차를 대여하면 편하게 이동할 수 있습니다. 천만 관객의 영화인 <왕의 남자>와 <광해, 왕이 된 남자>의 감동을 이곳에서 다시 한번 느껴보기 바랍니다.

 전주   가속 체험 여행의 숨은 보석

많은 사람들이 '전주 여행'을 생각하면 한옥마을을 떠올립니다. 한옥마을을 찾아 우리의 전통을 느끼고 체험할 거라 여깁니다. 하지만 여행이란 내가 이미 알고 있는 상식과 정보에 맞춰, 그저 발길 닿는 대로 느낌 대로 체험해서는 깊이 있는 시간을 가질 수 없습니다. 그래서 『지극히 주관적인 여행』은 이렇게 제안하고자 합니다. 여행을 통해 어떤 체험을 할 것인지 좀더 구체적인 계획을 세우는 것이 필요하며, 그 체험을 안겨주는 각각의 여행 지점을 고려한 철저한 일정 계획표를 만들 것을 말이죠. 바쁜 일상 속에서 간신히 시간을 마련해 어렵게 떠난 여행에서 나와 사랑하는 사람들에게 소중한 체험을 안겨주기 위해서는 생각보다 많은 준비가 필요합니다.

이번 여정은 전주 여행의 기본이라 할 수 있는 한옥마을을 돌아보는 것을 중심으로 삼았습니다. 그 밖에 몇 곳의 체험 여행 지점과 일상에 지친 당신을 위한 힐링 여행지들을 묶어보았습니다. 체험, 경관, 한옥마을 투어까지 모두 가능케 한 '가족 특집 전주 여행'이라 할 수 있습니다. 전체 일정은 전주의 북부 지역을 거쳐 한옥마을을 양분하는 은행길 동부와 서부를 돌아볼 수 있게 했습니다. 가족들의 체험 여행을 더욱 극대화하기 위해 한옥마을 주변은 제외했으니 참고하기 바랍니다.

전주　　가족 체험 여행의 숨은 보석

Journey MAP

1일 1 ▶ 7 북부권+한옥마을
2일 8 ▶ 12 한옥마을

호남고속도로
전주IC
북부권
IN
전주한지박물관 3
2 덕진공원
1 에루화 본점
한옥마을 상세 지도
대전통영고속도로
OUT
동전주IC
한옥마을
한옥마을 서부
최명희문학관
10
경기전 +전동성당 11
4 전주전통술박물관
한옥마을 동부
5 교동한식
8
오목대
12 풍남문
9
베테랑분식
전주향교 7
우전재 6
N
S

총거리 395.8km

총비용 171,300원

1일	거리(km)	산정 기준		비용(원, 2인 기준)
출발 ➡ ①	184.5	통행료	전주IC	15,200
①	0.0	떡갈비+냉면	에루화 본점	20,500
① ➡ ②	2.3		덕진공원	
② ➡ ③	2.5		전주한지박물관	
③ ➡ ④	6.9		전주전통술박물관	
④ ➡ ⑤	0.4	교동한식	교동한식	24,000
⑤ ➡ ⑥	0.5	주중	우전재	80,000
지점 합계	12.6			
합계	**197.1**			**139,700**

2일	거리(km)	산정 기준		비용(원, 2인 기준)
⑥ ➡ ⑦	0.3		전주향교	
⑦ ➡ ⑧	0.6		오목대	
⑧ ➡ ⑨	0.5	칼국수+쫄면+만두	베테랑분식	14,000
⑨ ➡ ⑩	0.3		최명희문학관	
⑩ ➡ ⑪	0.3	입장료	경기전+전동성당	2,000
⑪ ➡ ⑫	0.1		풍남문	
지점 합계	2.1			
⑫ ➡ 도착	196.6	통행료	서울톨게이트	15,600
합계	**198.7**			**31,600**

★ 숙박은 시즌에 따라 가격 변동, 유류비 미포함

북부권+한옥마을

거리	서울-전주	184.5km
	경유 지점	12.6km
비용	통행+식대+관람+숙박	139,700원

첫째 날 일정은 전주를 이미 방문했던 이들에게 조금 낯선 방식일 수 있습니다. 전주를 찾는 대부분의 여행객들이 곧장 한옥마을로 향하는 것에 비하여, 이번 여정은 '체험'과 '색다른 경관'을 선사해줄 한옥마을 북부, 즉 '월드컵 경기장' 인근에서부터 여행을 시작하기 때문입니다.

우선 멀리서 전주를 찾은 만큼 맛있는 식사를 하고, 덕진공원에서 아름다운 풍경을 감상하겠습니다. 또 전주 한지의 역사를 공부하고 체험까지 누릴 수 있는 전주한지박물관을 방문하겠습니다. 오후에는 전주한지박물관 체험 등 적지 않은 시간이 소요된 것을 고려해 한옥마을 동부에서 체험과 식사, 숙박이 모두 가능한 일정을 준비했습니다. 저녁에 숙소에만 있기 아쉬운 분들이라면 은행로에 마실을 나와 맛집이나 카페에서 오순도순 담소를 나누는 것도 좋습니다.

북부권

서울   서울-호남고속도로 전주IC   AM 08:30
160분
AM 11:10
1   에루화 본점   80분
한국관 본점   PM 12:30
10분
PM 12:40
2   덕진공원   70분
PM 01:50
10분
PM 02:00
3   전주한지박물관   100분
PM 03:40
20분
PM 04:00
4   전주전통술박물관   50분
PM 04:50

한옥마을 동부

10분(도보)
PM 05:00
5   교동한식   80분
전주전통음식관 한벽루   PM 06:20
10분
우전재   PM 06:30
6   전주코아리베라호텔
한옥 호텔 태조궁

479

중부권

거리	경유 지점	2.1km
	전주-서울	196.6km
비용	통행+식대+관람	31,600원

전주 여행 둘째 날에는 한옥마을을 대표하는 각각의 장소를 구석구석 찾아가보겠습니다. 숙소를 어디로 택했는지에 따라 달라지겠지만, 우전재나 코아리베라호텔에서 접근하기 편한 장소부터 소개하겠습니다.

한옥마을 여행은 느릿느릿 산책하는 것만으로도 충분히 구석구석을 볼 수 있습니다. 하지만 동부에서 서부로 이동하는 흐름을 고려하여, 오전 일정인 전주향교와 오목대까지는 도보로 이동하고, 이후에는 경기전 공용주차장에 주차한 후 둘러보는 게 좋습니다. 점심식사 후 만나게 될 장소는 한옥마을의 중심축인 태조로를 중심으로 근방에 가깝게 자리한 곳이라 많은 시간을 필요로 하지 않습니다. 만약 시간이 부족하다면 경기전과 전동성당만 방문해도 한옥마을의 분위기를 느끼는 데 충분하니 걱정하지 않아도 됩니다.

한옥마을 동부
한옥마을 서부

숙소 or 주변 조식
AM 09:30
10분(도보)
AM 09:40
7 전주향교
50분
AM 10:30
10분(도보)
AM 10:40
8 오목대
50분
AM 11:30
10분
AM 11:40
9 베테랑분식
진미집
60분
PM 12:40
10분(도보)
PM 12:50
10 최명희문학관
교동아트센터
40분
PM 01:30
10분(도보)
PM 01:40
11 경기전+전동성당
80분
PM 03:00
10분(도보)
PM 03:10
12 풍남문
30분
PM 03:40
180분
서울 순천완주고속도로 동전주IC-서울
PM 06:40

에루화 본점

주소 & 연락처

전라북도 전주시 완산구
고사평 5길 25
063-252-9946

메뉴 & 시간

떡갈비 8,000원. 매운떡갈비 8,500원, 동치미냉면,
비빔냉면 6,500원, 휴식냉면(동치미, 비빔) 4,500원,
김치찌개 3,500원, 갈비탕 7,500원
예산 2인 기준 16,000원~33,000원
영업 시간 11:00~22:00

전라도 여행에 언제나 등장하는 음식으로 떡갈비가 있습니다. 하지만 1인당 몇 만 원을 호가하는 가격에도 불구하고 그저 그런 맛의 음식을 내놓는 곳이 많아 실망한 분들도 많을 것입니다. 에루화 본점의 떡갈비는 주방에서 직접 만든 감칠맛 나는 무쌈과 동치미가 곁들여져 전주에서도 가장 알아주는 떡갈비입니다. 무엇보다 저렴한 가격만으로도 만족할 것입니다.

에루화 본점 떡갈비의 특징

1. 솥뚜껑 불판에서 따뜻함을 유지하면서 먹을 수 있다.

2. 1인분 가격이 8천 원으로 가격 대비 푸짐하다.

3. 인공 재료를 사용하지 않는다.

4. 동치미 냉면은 어느 곳에서도 먹어보지 못한
   특별한 맛을 자랑한다.

5. 후식으로 김치찌개를 선택하면 더욱 맛있는 식사를
   즐길 수 있다.

한국관 본점

주소 & 연락처

전라북도 전주시 덕진구
기린대로 425
063-272-9229
www.hankookkwan.co.kr

메뉴 & 시간

돌솥비빔밥 11,000원, 놋그릇비빔밥 13,000원,
육회비빔밥 13,000원, 어린이 비빔밥 6,000원, 파전 12,000원,
황포묵 육회 20,000원, 불고기(200g) 12,000원
예산 2인 기준 22,000원
영업 시간 11:00~21:00

한국관 본점 비빔밥의 특징은 비빔밥이 따뜻하게 데워진 놋그릇에 담겨 나온다는 것입니다. 재료의 구성과 재료들 간의 섞임이 적절하며, 깔끔함이 느껴지는 밑반찬도 전주의 비빔밥임을 한눈에 알 수 있게 해줍니다. '전주에 왔으니 비빔밥 한 그릇 정도는 해야지' 하고 생각했던 여행자에게 이곳 한국관을 추천합니다.

덕진공원

주소 & 연락처

전라북도 전주시 덕진구
권삼득로 390
063-239-2607

요금 & 시간

입장료 무료

이용료 전동오리보트 15,000원(기본 50분, 4인 승선)
오리보트 10,000원(기본 60분, 4인 승선)
보트 6,000원(기본 60분, 2인 승선)

운영 시간 09:00~일몰 후 30분

유명 관광지에는 어느 곳이나 지역을 대표하는 공원이 있습니다. 전주의 덕진공원은 강릉의 경포호, 부여의 궁남지, 아산 신정호 등에 비해 널리 알려져 있지 않지만 그 아름다움은 어디에도 뒤지지 않습니다. 공원 입구에 들어서면 어릴 적 부모님 손을 잡고 다녔던 일반 유원지가 아닐까 하는 의심이 듭니다. 하지만 입구의 평범한 길을 따라 왼쪽으로 빠지면 자그마한 현수교를 중심으로 한쪽에는 끝없이 펼쳐진 연꽃잎, 다른 쪽에는 오리배가 귀엽게 떠 있는 호수가 하늘빛을 그대로 담은 듯 아름답게 펼쳐져 있습니다. 비록 전국적인 명소는 아니지만, 지금까지 찾은 호수공원 가운데 가장 아름다운 곳이라 감히 얘기하고 싶습니다. 덕진공원은 전주의 숨은 보석 같은 곳입니다.

전주
한지박물관

주소 & 연락처

전라북도 전주시 덕진구
팔복로 59
063-210-8103
www.hanjimuseum.co.kr

요금 & 시간

관람료 무료
운영 시간 09:00~17:00(관람 마감 30분 전까지 입장 가능)
휴관일 매주 월요일, 1월 1일, 설날/추석 연휴

전주 한지는 고려시대와 조선시대에 걸쳐 장구한 역사를 자랑하는 왕실의 진상품으로, 전주의 대표적인 자랑거리입니다. 전주천의 깨끗한 수질과 많은 장인들의 노고 덕분에 전주 한지는 지금까지도 전주의 역사와 함께하고 있습니다.

이번 여행이 전주의 전통과 문화를 가까이에서 보고 체험하는 것을 목표로 삼은 만큼 이곳에서의 '한지 체험'을 그냥 지나칠 수 없을 것입니다. 물론 한옥마을에서도 한지를 주제로 삼은 다양한 시설들이 존재하지만, 한지를 생산하는 과정을 비롯하여 한지역사관, 미래관, 천년한지실, 기획전시실 등 한지와 관련된 다양한 볼거리를 감상하고, 직접 한지를 만들어볼 수 있는 전주한지박물관만 한 곳은 없을 것입니다. 특히 자녀를 동반한 가족 여행객들에게는 잊지 못할 전주 체험 여행이 될 것입니다. 주차 및 관람이 무료라는 점도 잊지 마세요.

전주
전통술박물관

주소 & 연락처
전라북도 전주시 완산구
한지길 74
063-287-6305
http://urisul.net

요금 & 시간
입장료 무료
운영 시간 09:00~18:00
휴관일 매주 월요일

주요 행사
단술빚기 체험 소요시간 20분
/ 체험 비용 7,000원
모주 거르기 체험 소요시간 20분
/ 체험 비용 5,000원

전주 한옥마을에는 다양한 개성을 지닌 소규모 박물관이 여럿 모여 있습니다. 전주를 찾는 여객들에게는 선택의 폭이 넓다는 장점이 있지만, 동시에 주말을 이용해 한정된 일정 안에서 움직여야 하는 여행자들에게 어느 곳부터 가는 게 좋을지 망설이게 하는 단점도 있다는 얘기입니다.

전주에 위치한 수십 곳의 체험형 박물관 가운데 전주한지박물관이 대규모 박물관 중에서 으뜸이라면, 소규모 박물관에서는 전주전통술박물관이 으뜸이라고 할 수 있습니다. 우리가 체험 여행에서 중요하게 고려하는 점, 즉 방문 지역의 특산품을 소재로 한 체험이어야 한다는 것, 박물관 소장품의 질이 높아야 한다는 것을 고려할 때 전주전통술박물관은 이러한 점을 모두 충족시켜주는 곳입니다. 단순히 오래된 물건들을 전시해놓은 박물관을 넘어 체험과 색다른 경험을 안겨주는 전주전통술박물관에서 전주의 전통을 느끼기 바랍니다. 체험은 상시 운영되는 게 아니므로 여행 전 반드시 사전 확인을 해야 합니다.

교동한식

주소 & 연락처

전라북도 전주시 완산구
태조로 12
063-288-4004
www.kyodongfood.com

메뉴 & 시간

한정식 60,000~120,000원(4인 기준),
교동한식 12,000원(1인 기준, 3인부터 낙지볶음 제공)
예산 2인 기준 24,000~60,000원
영업 시간 09:00~22:00

전주로 여행을 가는 많은 사람들이 처음으로 생각하는 것은 아마 음식이 아닐까요? 그중에서도 비빔밥과 한정식은 전주를 대표하는 음식 중에서 빼놓을 수 없는 아이템인데 과연 어떤 곳을 방문해야 할지 인터넷을 검색해도 결정하기 쉽지 않을 것입니다. 전주 한옥마을 인근에서 추천할 만한 한정식집은 여러 곳이 있지만 맛은 기본이며 위치 그리고 가격까지 고려해보면 선택의 폭이 그리 넓지 않습니다.

교동한식은 위에 설명 드린 세 가지 조건에 가장 잘 맞는 한정식집으로 한옥마을의 중심인 태조로와 은행로의 교차 지점에 위치하여 접근이 편리하며 무엇보다 음식의 양과 질에 비하여 가격이 저렴한 것이 장점입니다. 1만 2천 원의 교동정식을 주문하면 찌개와 불고기, 생선을 비롯하여 다양한 밑반찬이 부족함 없이 차려질 것입니다. 한옥마을에서 1인당 3만 원 이상 하는 한정식집에 비하여 음식의 종류가 많다고 할 수 없으나 여행객들의 경비와 만족도를 생각할 때 교동한식이 가장 적절한 한옥마을 한정식집이라 생각합니다.

전주전통음식관
한벽루

주소 & 연락처

전라북도 전주시 완산구
전주천동로 20
063-280-7003

메뉴 & 시간

산해진미(4인 기준) 200,000원, 진수성찬(4인 기준) 120,000원,
팔미정식 20,000원, 한우돌솥불고기 15,000원,
전주전통비빔밥 10,000원, 한우갈비탕 10,000원
예산 2인 기준 20,000~40,000원
영업 시간 12:00~20:30, 매주 월요일 휴무

전주전통음식관 한벽루는 전주전통문화관에서 운영하는 한식당으로 전주에서 한식당을 찾기에 여러 가지 면에서 마땅치 않다고 생각하는 분들에게 제격인 곳입니다. 문화관에서 직영하는 식당이기 때문에 음식맛과 서비스등 기본적인 요구사항이 평균 이상으로 유지되며 대규모 시설이기 때문에 기다리지 않아도 됩니다.

한벽루에서의 식사를 한마디로 표현하자면 '오감만족'이라 할 수 있는데, 먼저 주말에 1층 홀에 앉으면 전통공연을 감상하며 식사할 수 있고, 식사 후에는 문화관 마당에서 전통놀이와 체험을 즐길 수 있습니다. 조금 더 적극적으로 문화관 앞으로 나가면 전주천까지 돌아볼 수 있으며 전주천 위로는 전주 8경 중 하나로 뽑히는 한벽당이 위치하고 있습니다. 한정식을 추천하기에는 가격이 비싼 편이지만 비빔밥 등을 주문한다면 다른 비빔밥 전문점들에 비하여 오히려 저렴합니다.

룸 상태 ★★★★
데스크 ★★★★★
입지 ★★★★☆
시설 ★★★★

우전재

주소 & 연락처

전라북도 전주시 완산구
향교길 85
010-4180-1388
http://blog.naver.com/
jmir0507

요금 & 시간

주중(일~목) 80,000원 / 주말(금~토) 100,000원
추가 인원 10,000원
입실 시간 14:00 / **퇴실 시간** 10:00

우리가 가진 문화유산을 직접 느껴보기에 한옥 체험만큼 좋은 것이 없습니다. 남산 한옥마을이나 인사동으로 가보아야 밀려드는 인파와 상업성에 지친 하루를 보내기 십상입니다. 남쪽 지방으로 내려가시면 안동을 비롯하여 다른 여러 지역에서도 한옥 숙박을 많이 할 수 있지만 전주 한옥마을만큼 다양한 우리 문화 체험을 함께할 수 있는 지역이 흔치 않습니다.

우전재는 전주향교와 바로 이웃하고 있으며 조금만 밖으로 나오면 전추전을 비롯하여 한옥마을의 중심지역인 태조로와 은행로로 바로 접근할 수 있습니다. 입구에 들어오면 한눈에 들어오는 'ㄱ' 자의 안채와 상상하셨던 그대로가 놓여 있는 듯한 정원은 가슴 벅찬 기분까지 느낄 수 있을 것입니다. 전주 한옥마을에는 한옥게스트하우스가 넘쳐나지만 깨끗한 시설과 친절함 그리고 향교길이라는 위치까지 고려했을 때 전주에서의 한옥 체험은 바로 이곳 우전재에서 해보기 바랍니다.

전주코아리베라 호텔

주소 & 연락처

전라북도 전주시 완산구
기린대로 85
063-232-7000
www.core-riviera.co.kr

요금 & 시간

비즈니스더블(2인, 인터넷 가능) 169,400원
디럭스 트윈(2인) 159,720원 / 시티 디럭스 온돌(2인) 193,600원
엑스트라 베드 추가 24,200원
입실 시간 14:00 / **퇴실 시간** 12:00

전주가 훌륭한 여행지이기는 하지만 경주나 부여 등지와 비교해 보았을 때 딱 한 가지 부족한 점이 있으니 바로 숙소입니다. 하지만 시설에 대한 마음을 조금 줄이고 다른 부분에 초점을 맞추어보면 만족할 만한 숙소는 얼마든지 있습니다. 그중에서도 전주 한옥마을 동부 방향 입구에 위치하고 있는 전주코아리베라호텔은 시설이 낙후된 것은 사실이지만 한옥마을의 베이스캠프로 모든 지역을 도보로 다니기에 딱 좋은 곳에 위치하고 있습니다. 전망이 좋다는 오목대보다 훌륭한 전경을 선사해줄 전주 한옥마을 최적의 숙박지입니다.

덕진구를 비롯하여 전주 다른 지역에도 좋은 숙박 시설들이 있지만 위치를 고려하지 않을 수 없었다는 점을 감안해야 합니다. 직접 방문해보니, 기존에 들었던 평가에 비해 객실의 수준이 괜찮았고, 일단 전망이 정말 좋아 사소한 결점은 크게 신경 쓰이지 않았습니다. 다만 가격이 조금 더 저렴했으면 하는 아쉬움이 있습니다.

한옥 호텔
태조궁

주소 & 연락처

전라북도 전주시 완산구
전라감영로 40
063-287-6400
www.taejogung.com

요금 & 시간

201호(2인) 주중 110,000~130,000원, 주말 150,000원
205호(2+2인) 주중 170,000~190,000원, 주말 210,000원
208호(2인) 주중 90,000~110,000원, 주말 120,000원
210호(2인) 주중 140,000~180,000원, 주말 200,000원
추가 인원 10,000원
입실 시간 14:00 / **퇴실 시간** 11:00

전주가 우리나라 문화의 핵심 관광 지역인 만큼 다양한 콘셉트의 숙박시설들이 있습니다. 오랜 전통의 '리얼' 한옥 숙박에서부터 한옥이지만 최근의 트렌드를 반영하여 건립된 최신 한옥 그리고 이번에 소개하는 태조궁과 같이 전반적인 구성은 일반 호텔의 형식을 따르지만 디테일에서 한옥의 느낌이 들도록 약간의 양념을 가미한 '한옥 호텔'까지 있습니다.

태조궁을 소개하는 이유는 전주로 여행하기에 호텔을 선호하지 않으면서 그렇다고 한옥 체험에도 불편을 느끼시는 분들을 위함입니다. 태조궁은 전주 한옥마을 입구에 해당하는 풍남문에서 약 10분 이내에 위치하여 접근이 괜찮은 편이며 호텔의 편리함과 한옥의 분위기까지 느껴볼 수 있는 전주에서 가장 최근에 건립된 한옥 호텔입니다. 객실 자체의 수준이 아주 높다고 할 수는 없지만 온돌형 객실을 찾는 분들에게 좋은 선택이며, 1층과 후원의 갤러리는 특색 있는 숙박시설로의 수준을 갖추게 해주었습니다.

전주향교

주소 & 연락처
전라북도 전주시 완산구
향교길 145-20
063-288-4548

요금
입장료 무료

문화재 정보
사적 제379호
수량/면적 10,357.4㎡
지정일 1992년 12월 23일
시대 고려시대

KBS 드라마 <성균관 스캔들>을 보았던 분들이라면 유생들이 잔디밭에서 공부하던 장면 기억할 것입니다. 아름다운 마당과 고풍스런 분위기를 자아내는 전주향교가 <성균관 스캔들>이 촬영되었던 그곳입니다.

전주향교는 총 99칸의 규모로 성균관을 모방하였다 하여 수도향교라 칭하였다고 합니다. 입구의 홍살문을 지나면 제향 장소인 대성전이 앞에 강학 장소인 명륜당이 뒤에 위치한 전묘후학의 전형적인 향교의 배치를 이루고 있는데 후원의 명륜당에 가시면 도리를 길게 뽑아 눈썹지붕을 만들어낸 독특한 모양을 눈여겨보기 바랍니다.

학문은 책을 통하여 시작되지만 단순히 글에만 있는 것이 아니라 자연 그리고 마음으로의 받아들임에 목적이 있다는 것을 전주향교가 보여줍니다. 전주향교는 장소의 힘을 보여주는 좋은 사례입니다. 천천히 산책하며 둘러보기 바라며 다음 장소인 오목대까지는 도보로 이동하면 더욱 좋습니다.

오목대

주소 & 연락처
전라북도 전주시 완산구
교동 1-3
063-281-2114

요금
입장료 무료

문화재 정보
전라북도 기념물 제16호
수량/면적 23,367㎡
지정일 1974년 09월 24일

한옥의 아름다움은 디테일을 아우르는 전체에 있습니다. 한옥은 우리 땅이 가진 자연의 재료를 사용하여 가장 아름다운 비례의 미학을 만들어낸 고귀한 유산입니다. 지금까지 한옥의 섬세함에 빠져 있다면 이번에는 오목대에 올라, 서로를 침범하지 않고 배려하고 있으며 오랜 시간 동안 조화를 이룬 것이 어떤 것인지를 사람들이 살고 있는 장소로 승화시킨 한옥마을 전체 풍경을 통해 느껴보시기 바랍니다.

오목대는 한옥마을 전체를 조망하기 가장 좋은 위치이며, 태조의 자취가 남아 있는 곳이니 여말 선초 그때로 돌아갔다는 감성으로 느껴보기 바랍니다. 코아리베라호텔 및 우전재에서 모두 도보로 이동 가능합니다.

베테랑분식

음식 맛	★★★★
음식 양	★★★★
입지	★★★★
시설	★★☆
청결	★★☆
친절	★★★

주소 & 연락처
전라북도 전주시 완산구
경기전길 135
063-285-9898

메뉴 & 시간
칼국수 5,000원. 쫄면 5,000원. 만두 4,000원
예산 2인 기준 10,000~14,000원
영업 시간 11:00~21:00

전주 한옥마을에서 유명한 식당으로 베테랑분식을 빼놓을 수 없습니다. 분식이라는 것이 한옥마을에서 조금은 생뚱맞을 수도 있지만 이미 많은 분들로부터 호평을 듣고 있으니 한 번쯤 방문해보는 것도 나쁘지 않을 듯합니다.

이곳의 메뉴는 매우 간결합니다. 칼국수와 쫄면 그리고 만두입니다. 메뉴가 단순한 만큼 주문 후 순식간에 음식이 나오는데 생각보다 맛이 독특합니다. 칼국수의 면이 우동면으로 되어 있어 식감이 뛰어나며 국물은 사진에서 느껴지는 것과 같이 장칼국수처럼 진합니다. 쫄면 또한 많은 분들이 잊지 못하는 메뉴로 맵지 않으면서 입에 착착 감기는 것이 특별할 것이 없어 보이지만 한 그릇 뚝딱하게 만드는 매력이 있습니다. 여름에는 메밀소바, 콩국수까지 만나볼 수 있습니다. 분식집답지 않게 규모가 상당하며 주차장도 잘 마련되어 있습니다.

진미집

주소 & 연락처

전라북도 전주시 완산구
전주천동로 94
063-288-4020
www.진미집.kr

메뉴 & 시간

메밀국수(소) 6,000원, (대) 7,000원, 메밀콩국수(소) 6,000원,
(대) 7,000원, 물,비빔냉면(소) 6,000원, (대) 7,000원 /
겨울 메뉴 바지락칼국수 6,000원, 팥칼국수 6,000원,
새알팥죽 6,000원, 고기만두 4,000원
예산 2인 기준 12,000~16,000원
영업 시간 10:00~20:00

전주를 대표하는 음식하면 보통 비빔밥, 콩나물국밥, 한식, 떡갈비 등을 뽑기 때문에 이번에 추천하는 국수 전문점 진미집이 조금 낯설게 느껴질 수도 있습니다. 하지만 진미집은 국수에 관련해서는 전주에서 손에 꼽을 만한 맛집입니다. 여름에는 메밀국수와 콩국수를 겨울에는 바지락칼국수와 콩칼국수를 주력 메뉴로 하는데, 관광객들보다는 전주 시민들에게 더욱 알려져 있습니다.

최근 여러 지역에서 맛본 콩국수가 이상할 만큼 똑같은 국물 맛을 가진 것에 비하여 이곳은 쫀득거릴 만큼 다부진 메밀면과 다른 곳과는 비교하기 힘든 걸쭉한 국물 맛 등 진정한 콩국수가 어떤 것인지 단번에 느낄 수 있습니다. 이곳의 국수가 전국 최고의 맛을 지니고 있다고 자신 있게 말씀드릴 수 있습니다. 워낙 많은 분들이 찾는 곳이라 결제는 선불입니다.

최명희문학관

주소 & 연락처
전라북도 전주시 완산구
최명희길 29
063-284-0570
www.jjhee.com

요금 & 시간
입장료 무료
운영 시간 10:00~18:00
휴관일 매주 월요일, 1월 1일,
설날, 추석

『혼불』의 작가인 최명희의 유품들이 전시되어 있는 이곳 문학관은 작가의 초판 작품에서부터 소소한 흔적들까지 잘 보존하고 있어 최명희 작가를 좋아하는 분들에게 소중한 시간이 될 것입니다. 글이라는 것은 단순히 만들어지는 것이 아니며 작가의 일생이 묻어 나오는 것이라는 생각을 다시 한번 새길 수 있는 체험의 장소입니다.

친구와 주고받은 편지를 비롯하여 작가 일생의 다양한 기록 등 그녀가 세상에 나와 살다간 흔적을 보노라면 『혼불』이 평단의 끝없는 호평을 받았던 이유를 조금이나마 이해할 수 있을 것입니다. 다음 장소인 교동아트센터는 문학관을 돌아 나오면 바로 오른편에 자리하고 있습니다.

교동아트센터

주소 & 연락처
전라북도 전주시
완산구 경기전길 89
063-287-1245
www.gdart.co.kr

요금 & 시간
입장료 무료
운영 시간 10:00~19:00

교동아트센터는 전주 한옥마을의 우물 같은 곳입니다. 한옥마을이 단순히 한옥들만 모여 있고 볼거리가 별로 없을 것이란 여러분들의 생각을 바꿀 수 있는 장소가 교동아트센터이기 때문입니다. 교동아트센터에서는 최신예 작가들의 작품을 언제든지 관람할 수 있으며 운좋은 날에는 작가와의 대담에 참여할 수도 있습니다. 또한 아름다운 정원과 옛 공장 건물을 활용한 건물은 그대로가 하나의 작품입니다.

전주향교에서부터 시작된 태조로의 탐방이 오목대와 최명희문학관을 거쳐 이곳에 이르면 전주 한옥마을의 숨은 가치가 한옥에만 있는 것이 아니라 다양한 문화 커뮤니티에 있다는 사실을 느낄 겁니다.

ㅁ교동아트
미술관
CLOSE

경기전

주소 & 연락처	요금 & 시간	문화재 정보
전라북도 전주시 완산구 태조로 44 (관광안내소) 063-281-2891 (어진박물관) 063-231-0190 www.eojinmuseum.org	**입장료** 어른 1,000원, 청소년·군인 700원, 어린이 500원 **운영 시간** 하절기 09:00~20:00 동절기 09:00~18:00	**사적** 제339호 **수량/면적** 49,590㎡ **지정일** 1991년 01월 09일 **조선태조어진** 국보 제317호 **경기전 정전** 보물 제1578호

경기전은 쉽게 생각하고 방문했다가 오랜 시간 머물게 만드는 마법 같은 장소입니다. 단순히 태조의 어진을 감상하려는 의도로 대부분 방문하지만 고요함이 묻어나는 정전을 비롯하여 대나무가 그림처럼 펼쳐진 후원 그리고 조선왕조실록의 보관 장소였던 전주사고지, 마지막으로 어진박물관을 마주하면 생각보다 긴 시간을 머무르게 됩니다. 기대하는 것보다 만족스런 추억을 선사하는 곳이죠.

경기전의 핵심은 태조에 대한 제사에 있는 만큼 홍살문에서 정전까지의 동선은 경건한 마음을 향한 단계로 이루어져 있습니다. 정전을 지나 후원으로 가면 마음을 추스르고 확산시키는 다양한 연출의 공간이 펼쳐지는데 이것이 바로 조선시대 건축의 백미가 아닌가 생각됩니다. 마지막으로 어진박물관으로 향하면 역대 왕들의 어진과 왕실의 유물까지 관람할 수 있습니다. 경기전은 조선 왕실을 한 번에 이해하는 장소인 셈입니다.

전동성당

주소 & 연락처
전라북도 전주시 완산구
태조로 51
063-284-3222
www.jeondong.or.kr

미사 시간
주말 오전 05:30, 09:00, 10:30,
오후 17:00, 20:00
토요일 오후 16:00, 18:00

문화재 정보
사적 제288호
수량/면적 679㎡
지정일 1981년 09월 25일
시대 일제강점기

경기전과 마주하고 있는 전동성당은 호남 지역에 최초로 건립된 서양식 건물로 현재까지 보존되어 있는 1900년대 초 건물 중 가장 아름답다고 알려져 있습니다. 실제로 전동성당을 보고서는 먼저 규모에 놀랐으며 세월의 흔적이 그대로 보존되어 있는 모습에 또 한번 놀랐습니다.

전동성당이 이토록 아름다운 성당으로 이름을 알리는 이유는 현재에는 만들어내기 힘든 은은한 빛깔의 벽돌과 동서양이 잘 혼합된 비잔틴 양식이 잘 드러나 있기 때문입니다. 실내로 들어가시면 고대 교회의 십자형 바실리카식 평면과 돔의 구성에 유럽의 성당에 와 있는 듯한 느낌까지 들 것입니다.

풍남문

주소 & 연락처
전라북도 전주시 완산구
풍남문3길 1
(관광안내소) 063-281-2891

문화재 정보
보물 제308호
수량/면적 1동
지정일 1963년 01월 21일
시대 조선시대

풍남문은 경기전과 전동성당 인근에 위치하기 때문에 함께 둘러보기 좋습니다. 흔히 볼 수 없는 희소성 있는 중층 성곽건축물 중에서도 단연 가치가 돋보이는 문화재입니다.

많은 분들이 알고 있듯 풍남문을 살펴볼 때 가장 좋은 방법은 숭례문과 비교하여 보는 것입니다. 먼저 성문을 살펴보면 숭례문과 다르게 성문 정면으로 보호시설인 옹성을 갖추고 있는 것이 특징입니다. 다음으로 상부의 중층 누각을 살펴보면 숭례문은 반칸퇴물림이라 하여 1층에서 2층으로 줄어듦이 완만하며 구조 방식에서 맞보 위에 상부 기둥을 올리고 모서리에 귀고주를 사용하여 보강한 조선 초기 형식인 반면, 풍남문은 통층식에 온칸퇴물림 형식이라 하여 1층에서 2층으로 기둥이 곧바로 올라가 층 구분이 없이 통으로 내부를 사용하도록 하는 조선 후기 형식입니다. 이런 형식을 사용한 것은 전국적으로도 풍남문을 포함하여 세 곳(마곡사 대웅전과 무량사 극락전)뿐이기에, 풍남문은 더욱 희귀한 문화재라 할 수 있습니다.

511

북노마드